百年圆梦路

百年圆梦路

京张高速铁路建设走笔

张风奇 / 著

中国铁道出版社有限公司
CHINA RAILWAY PUBLISHING HOUSE CO., LTD.

图书在版编目（CIP）数据

百年圆梦路：京张高速铁路建设走笔 / 张风奇著．— 北京：中国铁道出版社有限公司，2020.11

ISBN 978-7-113-26886-2

Ⅰ.①百… Ⅱ.①张… Ⅲ.①报告文－中国－当代 Ⅳ.① I25

中国版本图书馆 CIP 数据核字（2020）第 083818 号

书　　名：**百年圆梦路——京张高速铁路建设走笔**
作　　者：张风奇

责任编辑：付巧丽　　**编辑部电话**：（010）51873179
图片编辑：王明柱
装帧设计：闰江文化
责任校对：王　杰
责任印制：赵星辰

出版发行：中国铁道出版社有限公司（100054，北京市西城区右安门西街 8 号）
印　　刷：北京盛通印刷股份有限公司
版　　次：2020 年 11 月第 1 版　2020 年 11 月第 1 次印刷
开　　本：700 mm×1000 mm　1/16　**印张**：20.5　**字数**：270 千
书　　号：ISBN 978-7-113-26886-2
定　　价：68.00 元

一条百年铁路，一首恢宏史诗

一条智能高铁，一部鸿篇巨制

一端连接过去，一端通向未来

一路追梦筑梦，一路盛世图腾

——题记

复兴号动车组列车穿过居庸关隧道。

摄影 / 原瑞伦

一条百年圆梦路

李春雷 | 著名作家、中国报告文学学会副会长

京张高速铁路，简称京张高铁，真是一条百年圆梦之路。

“车轮铿锵踏云烟，汽笛声声入梦来。”一打开张风奇的书稿，字里行间裹挟的诗意扑面而来。我知道，他是一位诗人，早期热衷于诗歌创作，近十几年来对散文、小说、报告文学等多有涉猎，并且收获颇丰。他供职铁路系统，我们曾一同参加京沪高铁建设的采访活动。据我所知，他参与创作的铁路题材作品不下十篇。这篇《百年圆梦路——京张高速铁路建设走笔》就是他的新作。

老京张铁路是中国人自己勘测、设计、施工的第一条铁路，是名副其实的“中国制造”。

而设计师詹天佑的名字和他的“人字形”铁路更可谓家喻户晓，令中国人倍感自豪和骄傲。这条始建于1909年的铁路经历一百多年的历史风云，堪称中国近代工业遗存的活化石，至今激励着后人自强不息、开拓进取。

2019年开通的京张高铁集中国高铁技术之大成，几乎与老京张铁路同一地点、同一路径，将北京与张家口连接在一起，使两地快速融入一小时繁荣圈，对拉动区域经济发展的意义不言自明。同时，京张高铁的智能化品质熠熠生辉，跃然成为世界高铁的领跑者。作为2022年北京冬奥会的重要交通保障线，届时定会聚焦世界赞许的目光。

正如本书题记所言，“一条百年铁路，一首恢宏史诗；一条智能高铁，一部鸿篇巨制；一端连接过去，一端通向未来；一路追梦筑梦，一路盛世图腾”，将新老京张百余年时空纵横穿越交会，相互对应，相互观照，相互借鉴，相互勉励，任历史与现实娓娓道来：“温故与知新在这里顿悟，历史与现实在这里交融，光荣与梦想在这里延续，科技与创造在这里同行……”

京张铁路无疑是一条有历史纵深感的铁路。作者始终抓着这条线索，不时让飞扬的思绪跨越时空，与百年前的先辈心灵对话，于无形中启发人的思考，以增添作品的厚重感。譬如他在文中写道：“我默默仰视着詹天佑铜像，眼前仿佛浮现出他大手笔设计的铁道线，钢铁的笔画，一撇一捺，在燕山峰谷间铺展开‘人’字形的宏伟意象……大写的‘人’字，大写的詹天佑啊！您是第一个把‘人’写在神州山川的人！”

作者以文学的想象即刻意识到詹天佑的眼神“这是一种渴望心灵交汇的眼神。谁又能真正解读呢？他舞动山河的创意，一如飞翔天际的羽翼，渴望掠过大地的闪电；他纵横千里的设想，一如撒向疆域的珍珠儿，渴望连缀成串的金丝银线；他一生未竟的志愿，一如夏花般绚烂，渴望秋天的橙色和饱满……”

于是作者自豪地写道："当他看到如今的京张高铁穿山越涧飞驰而过，中国的铁路如此迅猛发展，高铁技术和里程已在全球领先……詹公应该感到欣慰，足可含笑九泉了。"

然后，作者要启发读者一起畅想："新老京张铁路交会于八达岭的精彩演绎，从当年的'人'字，改写成今天的'大'字，难道仅仅是一次偶然的巧合吗？一定还蕴含着更多美好的新寓意……"

作品通篇激情澎湃，涌动着浩荡的诗情，昂扬着向上的力量。作者将身心融入京张高铁建设工程之中，满怀豪情地写道："在一片山峦起伏的沙盘上，追逐的视线承接着一连串灯光的指引，依次燃亮北京北站、清河、沙河、昌平、八达岭长城、东花园北、怀来、下花园北、宣化北、张家口等站点，我能清晰地看到京张高铁像一条金光闪烁的大项链，将10个珍珠般的车站依次连缀在一起……瞻望高铁前程，的确叫人振奋，诱发人的想象。扶摇浪漫的翅膀，就仿佛翱翔于燕山的云端，俯瞰一道道白色的闪电，裹挟着钢轨、车轮、风笛、疾风……将山河设障的道路铺展得一马平川……京张高铁正飞驰而来。"

我注意到作品描写了京张高铁工程的浩繁和传奇，尽管有叙述详细工序的需要，作者还是尽量避免一味枯燥呆板的项目罗列，而是想更多更好地发挥文学的语言优势，亲自带领读者一同进入施工现场，给人以身临其境之感。譬如他写清华园地下隧道盾构施工："当一切准备就绪，随着一声口令：'开始'！我能真切地观察到地下始发井内，一台高约16米、长约150米、重约3 000吨的'天佑号'大型盾构机，正在地层下以强大的推动力向前环环潜行。只见巨型的刀盘匀速旋转，成片儿成卷儿的泥沙'噼里啪啦'飞旋着落入开挖仓的底部，经冲刷、经搅拌器搅拌，以及泥水循环泵，再经管道送至地面泥水分离场，进行沉淀或筛分处理。工序如此循环往复。随后推进的油缸每前进1环，智能系统自动进入管片拼装模式，精确无误，环环相扣，程序无懈可击，最终形成一条完整的庞大隧道。地面之上车水马龙，井然有序。路面之下机声轰鸣、巨龙遁行……”

随后，他笔锋一转反问：“您能够想象到吗？这是一种何等雄奇伟观的宏大情景啊！”紧接着告诉你置身隧道的心灵体验：“一个人行进在隧道外径 12.2 米、内径 11.1 米的巨大管道中，便有置身于时空隧道的错觉，仿佛瞬间超越了若干光年，一种洞穿与拔节之痛迎面而来，一种显赫与卑微之变擦肩而过。建设者始终追逐光芒的身影，奋力摇曳着掘进的意象，由近及远，从清晰至模糊；由远及近，从渺小至伟大。”

在整篇作品中，作者重点写了京张高铁的智能制造、智能装备与智能运营，从中国具有完全自主知识产权的智能动车组实现自动驾驶、自动诊断与智能维修，到改进购票、进出站、安检等流程，运用先进智能化技术，通过电子客票、刷脸进站等简化便捷的乘车流程，使站内导航与站外导航融合，乘客从家中出发，输入车次即可导航至候车厅或检票口；再到线路采用实时监测系统，可以将全线的桥梁、隧道、车站，甚至每一段钢轨通过传感器连接至电脑，检测零件是否老化、路基是否沉降、照明是否损坏，实现对铁路运营状态和运输安全的智能分析、科学诊断，多维度向读者展示了一个有形无形的智能空间。

正如他在书中感叹：“在科技人员满口专业术语的讲述中，感觉一嘟噜一嘟噜的技术工艺，就像挂满了整个工程项目的葡萄架似的。如果说京张高铁是一幅盛世图腾般的精美长卷，那么它的精妙之美就隐于一笔一画的精心勾勒之中。而京张高铁的精妙之美正是它的智能之美。”

他赞美京张高铁建设者将智能技术与施工生产深度结合，不断丰富和深化智能建造的无穷内涵，处处都充满了令人眼花缭乱的新技术、新名词、新概念，每个区域都给人魔幻般的神奇体验……让每一个环节都充盈着智能的意蕴，让每一道工序都闪烁着艺术的灵感。他甚至望着高铁接触网“不禁生发出无限想象，高铁运行中接触网导线在受电弓上左右摩擦滑动，导线无形中就变成了多条并排的丝线，这多像在辽阔舞台上精彩演奏的小提琴、中提琴或大提琴，受电弓犹如运行的琴弓，接触网导线宛如绷紧的琴弦，时刻奏响‘复兴号’飞驰在祖国大地上的华美乐章……”

这是一篇弘扬正能量的作品。作者热情讴歌了伟大的新时代，以象征国力强盛的现代化施工技术，阐述“敢教山河让路”绝不是一句停留在口头上的豪言壮语，而是中华民族复兴路上精彩演绎的时代活剧。今日的京张高铁凭借长大隧道和桥梁穿山越涧，不再以铁路展线委蛇应对高山峡谷的阻隔，建设者用智慧、勇气和实力向大山宣示：理直气壮的铁路从此拒绝盘山。他在书中写道：“在京张高铁的八达岭隧道、正盘台等长大隧道内，铁红色的大型三臂凿岩台车酷似冲锋在前的战车，戴有全套防护装备的操作工人威武雄壮，就像战士操作重型机关炮一样，喷射出旋风般的烈焰。伴随着机声喧嚣，水火交集，汗流浃背，热血沸腾……情景犹如战火纷飞、硝烟弥漫的前沿阵地。”

这是一篇鼓舞人心的作品。作者真诚讴歌了京张高铁的领导者、设计者和建设者。笔下有高瞻远瞩、运筹帷幄的领导人；有兢兢业业、费心劳神的工程设计师；有废寝忘食、刻苦攻关的科技人员；更多的是质朴无华、默默奉献的普通劳动者。他在书中写道：“走进京张高铁建设工地，视线所及之处，尽是一派旌旗猎猎、干劲冲天的鏖战场景。随之呈现的是，一个个桥墩如雨后春笋般拔地而起，一段段延伸的路基在群山间时隐时现，一座座隧道在掘进机巨大的轰鸣声中向前、向前、再向前……我真切地听到隧洞上方粗大的通风管道呼呼有声，这是大山的呼吸吗？就在这一刻，大山沉寂亿万斯年的记忆，被人类旋转的钻头瞬间激活。随着一声声爆炸的气浪，应该怎样释放胸中尘封已久的渴望或眷恋？一直向前推进的掌子面，不断迎接着石英岩、软弱围岩、断裂破碎带、透水，甚至岩爆等地质灾害的挑战。”

所以在作者的心目中，整个京张高铁的建设过程，就是百年京张的圆梦时刻。仿佛置身在创世纪的幻影里，感觉一切都是拟人化的：筑路人匍匐为路，建桥者躬身为桥，每一条铁路都是生命的化身，每一项工程都是精神的雕像。

习近平总书记在党的十九大报告中指出：“中国特色社会主义文化，源自于中华民族五千多年文明历史所孕育的中华优秀传统文化，熔铸于党领导人民在革命、建设、改革中创造的革命文化和社会主义先进文化，植根于中国特色社会主义伟大实践。”我们进入新时代以来，如何讲好中国故事，如何展现中国形象，已是当今文学面对的大课题。而所有文学实践都离不开时代的大背景，中国作家有责任笔耕墨耘，创作出无愧于伟大时代的精品力作，悉心书写现实生活中精彩纷呈的中国故事。张风奇深入火热的京张高铁建设一线采访，看似有些散漫随意、信马由缰的笔触，自如地行走在隧道、桥梁、路基、轨枕、道砟、接触网与心灵之间，尽情挥洒激昂、诗意、深沉、朴实、饱满的文字，以非虚构写作成功构建了这项百年圆梦的伟大工程。

作者统揽全书，从不同侧面不同程度生动反映了京张高铁建设者的非凡业绩与精神风貌，并为此付出了大量心血和汗水，整篇作品很值得一读。如果非要指出作品的欠缺不足之处，我觉得在人物刻画细节上还存在不足。不过仍不失为给读者很好地提供了品读和思考的丰厚内容和多重角度的好作品。

是为序。

2019 年 12 月 31 日

目 录

梦想之翼，领跑世界高铁

1909
1910
1911
1912
1913
1914
1915
1916
1917
1918
……
2010
2011
2012
2013
2014
2015
2016
2017
2018
2019

车轮铿锵踏云烟，汽笛声声入梦来。

历史与现实仿佛犹在梦幻之中，说不清是在哪个良辰吉日，新老京张铁路间的沟通和呼应，竟然如此巧合达成了某种默契。承蒙时空的眷顾，缘起 110 年前，伴随着京张铁路的第一声汽笛鸣响，一场世纪大梦轰然开启……

“器大者声必闳，志高者意必远。”在具有古老文明的国度里，北京与张家口之间，陡然筑起一条钢铁大道，呼啸向前的蒸汽机车威风八面，叱咤风云，摧枯拉朽，势不可当……那该是一种多么令人心潮澎湃、荡气回肠的壮阔情境啊！如今，伫立在京张高铁的路肩上洗耳倾听，百年汽笛声隐约传来，仿佛仍在燕山山脉的峰谷间回荡……

当年的铁路工程师詹天佑先生可曾想到，一百多年后，几乎在同一地点、同一路径，集中国高铁技术之大成的京张高铁已经建成开通。机缘巧合，同时也是 2022 年北京冬奥会的重要交通保障线，届时定会聚焦世界惊羡的目光。

世人翘首以待，追寻背负梦想的羽翼。当我们深情遥望老京张铁路渐行渐远之时，新时代的京张高铁正振翅飞来。

就在京张高铁开通运营的那一刻，启程的笛声竟是如此悦耳动听，灿烂的阳光应声撒满广袤大地，中国铁路再次以飞驰的姿势驶入聚焦历史的高光时刻。

中共中央总书记、国家主席、中央军委主席习近平作出重要指示。他指出，1909 年，京张铁路建成；2019 年，京张高铁通车。从自主设计修建零的突破到世界最先进水平，从时速 35 公里到 350 公里，京张线见证了中国铁路的发展，也见证了中国综合国力的飞跃。回望百年历史，更觉京张高铁意义重大。谨向参与规划建设的全体同志致以热烈的祝贺和新年的问候！习近平强调，京张高铁是北京冬奥会的重要配套工程，其开通运营标志着冬奥会配套建设取得了新进展，其他各项筹备工作也都要高标准、高质量推进，确保冬奥会如期顺利举办。

中国国铁集团党组随即召开中心组（扩大）学习会议，传达学习习近平总书记对京张高铁开通运营的重要指示精神。国铁集团董事长、党组书记陆东福指出，这是对京张高铁建设和铁路工作的充分肯定，是对进一步做好铁路工作、推动铁路高质量发展的殷殷嘱托，是对全体参建者和全路广大干部职工的极大激励和巨大鼓舞。京张高铁是中国铁路发展的标志性工程，充分彰显了我国的强盛国力和社会主义集中力量办大事的制度优势，集中展示了中国高铁技术领跑世界的最新成果。要切实做好各项后续工作，进一步完善和提升京张高铁智能化水平，以京张高铁运营的优异成绩展现国铁企业的使命担当，为举办一届精彩、非凡、卓越的冬奥盛会作出应有贡献。

百年圆梦路，翩翩展羽翼。历经一个多世纪的风风雨雨，京张铁路始终承载着腾飞的梦想砥砺前行。智能高铁、中国速度、交通强国、领跑世界……正是梦想成真的美好现实赋予了中华民族伟大复兴的崭新寓意。

京张铁路，梦开始的地方

七月，那个盛夏时节，北京的天气进入蒸烤模式。

火伞高张，暑热之中，我第一次来到京张铁路工程指挥部的会议室。第一眼就望见了墙上张贴的京张高铁及延庆支线、崇礼支线平面图，起伏于崇山峻岭的线路就像一条飞腾的巨龙，八达岭高高隆起，酷似翘首的龙颈……

京张铁路公司党群工作部部长贾全友热情接待了我并向我介绍说："京张高铁是《国家中长期铁路网规划》中'八纵八横'京兰通道的重要组成部分，也是京津冀协同发展的重要基础工程。"他又加重语气补充说，"也是2022年北京冬奥会的交通保障工程。"

在党中央的英明领导下，在中国铁路总公司（今中国国家铁路集团有限公司）和北京铁路局（今中国铁路北京局集团有限公司）的精心部署指挥下，各参建工程单位全力以赴跑步进场，京张高铁于2016年4月10日正式开工建设。

京张高铁起自北京北站，途经北京市海淀、昌平、延庆，河北怀来、下花园、宣化等区县，终达张家口站，正线全长173.964公里。其中，北京境内70.503公里，河北省境内103.461公里，同步建设延庆支线9公里。全线共有桥梁64座，计66公里；隧道10座，计49公里，桥隧比为66%。崇礼铁路与京张高速铁路下花园北站接轨，向北至崇礼太子城奥运村，全程53公里，并预留有通向内蒙古锡林浩特的延伸路线。

在一片山峦起伏的沙盘上，追逐的视线承接着一连串灯光的指引，依次燃亮北京北站、清河、沙河、昌平、八达岭长城、东花园北、怀来、下花园北、宣化北、张家口等站点，我能清晰地看到京张高铁像一条金光闪烁的大项链，将10个珍珠般的车站依次连缀在一起。同样熠熠生辉的还有同步改建的延庆支线，以及在下花园北站接出的崇礼支线——可由此进入一片冰洁雪白之境，直达崇礼太子城奥运村。

瞻望高铁前程，的确叫人振奋，诱发人的想象。扶摇浪漫的翅膀，就仿佛翱翔于燕山的云端，俯瞰一道道白色的闪电，裹挟着钢轨、车轮、风笛、疾风……将山河设障的道路铺展得一马平川。京张高铁正飞驰而来。

一时间悲欣交集，京张高铁沙盘营造的情境，犹如梦幻一般，我分明看见沿途夹道欢呼的山河和载歌载舞的人群。

大路逐梦，百年京张铁路正是梦想启程的地方，由此中国铁路行驶在筑梦的路上。而京张高铁当是

复兴号行驶在京张高速铁路线上。
摄影 / 孙立军

圆梦之路、复兴之路，并由此树立起中国高铁快速优质的又一个标高。

今朝我欲乘风去，梦想飞升高万仞。

以往的常识告诉我们，风是速度的载体，梦是理想的化身。

——时速 180 公里，这是强台风的速度。

——时速 300 公里，这是波音飞机起飞的速度。

——时速 350 公里，这是目前中国高铁运营的速度。

——时速 380 公里……时速 400 公里……时速 500 公里……这是中国人梦想的速度。

中国自古就有“日有所思，夜有所梦”之说。而梦想成真的现实版比比皆是，一切皆有可能。

梦想蕴藏着无数神奇，神奇穿越梦幻的时空，中国高铁一直加速、加速、再加速……

一百多年来，多少仁人志士梦寐以求，胸怀“以路兴国”的伟大抱负。革命先行者孙中山先生曾经告诫说：“今日之世界，非铁道无以立国。中国地大物博……徒以交通未便，运转不灵，事业难以振兴。”

今天，浏览中国百余年铁路史册，不朽的文字与永恒的画面生动定格的历史瞬间，标定着一个又一个重要节点：

——1881 年的唐胥铁路，是中国自主修筑的第一条铁路，总工程师竟是英国人。最初曾上演过由骡马牵引的滑稽剧目。铁路长度仅有 9.7 公里，好比铁路诞生的脐带。如今路旁立有一块石碑，上刻“中国铁路零起点”字样。

——1909 年的京张铁路，是中国人自己勘测、设计、施工的第一条铁路，路长约 200 公里。这是名副其实的“中国制造”，工程师詹天佑的名字和他的“人”字形铁路入选国家的小学课本，被国人津津乐道。

——1952 年的成渝铁路，是新中国成立后建成的第一条干线铁路，路长 502 公里。当时国家一穷二白、百废待兴，站起来的中国人靠着改天换地的一双手，掀开了共和国铁路建设史上崭新一页。在通车典礼上，开国领袖毛泽东欣然题词“庆贺成渝铁路通车，继续努力修筑天成路”；国务院总理周恩来亲临现场为通车剪彩。

——1958 年的宝成铁路，是我国建成的第一条电气化铁路，北起陕西宝鸡，向南穿越秦岭到天府之国四川成都，全长 669 公里。这是一条连接西北地区和西南地区的交通动脉，也是新中国第一条工程艰巨的铁路。这条铁路的建成，改写了“蜀道难，难于上青天”的历史。

——2008 年的京津城际高铁，是中国建成的第一条真正意义的高速铁路。中国首次登上铁路现代化的高站台，由此跨入了高铁时代。

随后大路朝天，路网纵横。武广高铁、京沪高铁、哈大高铁相继开通……经过十多年快速建设，“四纵四横”高铁网建成运营，我国成为世界上唯一高铁成网运行的国家。

习近平总书记曾在2018年新年贺词中豪迈地说：“复兴号奔驰在祖国广袤的大地上……”他用诗意的语言对我国高铁建设和发展作了生动表述。

就在不久前，国家统计局发布了新中国成立70周年经济社会发展成就系列报告。报告显示，2018年末，我国铁路营业总里程达到13.2万公里，较1949年增长5倍。我国高铁营业总里程3万公里，是2008年的44.5倍。高铁营业里程超过世界高铁总里程的2/3，雄居世界第一位。

在2019年10月25日国务院新闻办公室举行的中外记者见面会上，一线科研工作者围绕“中国高铁科技创新”畅所欲言。中国国家铁路集团高铁列车控制系统项目总师莫志松介绍说，中国高铁发展可谓“十年磨一剑”，我们现在每天的动车组走行里程近600万公里，每天的车次是6 600列左右，如此庞大的规模积累了世界上宝贵丰富且独一无二的大量数据。

2019年，更是中国高铁成果丰硕的一年，新增高铁运营里程5 000公里。截至2019年底，我国高铁运营里程突破3.5万公里，约占世界高铁网的七成之多。

在我们充满敬意的解读中，心血与汗水结晶的数字都不是枯燥乏味的。数字具有温度和感情，数字具有内涵和外延，数字具有说服力和感召力。

不是盲目自信，不必过谦，这些数字足以令中国人倍感振奋和自豪。

京张高铁，老路新传

人们不会忘记，在世界铁路宏阔的背景深处，艰难起步的中国铁路曾经步履蹒跚。从清人徐继畬“熔铁为路，以速其行”的心之向往，到孙中山先生“要修 10 万英里铁路”的宏伟构想……中国人的“大路梦”一做就是一百多年。

百余年前，犹如历史教科书般的京张铁路，将一个大写的“人”字镌刻在古老中华的崇山峻岭间；百余年后，京张铁路依旧实地讲述着那段真实的历史，让我们领略前辈惊世的壮举与创业的艰难。温故与知新在这里上演，历史与现实在这里交融，光荣与梦想在这里延续，科技与创造在这里并行……

被镜头聚焦的京张铁路，从当年的时速 35 公里到今天的时速 350 公里，从备受外国列强讥讽到全世界伸拇指点赞，其间足足等了一百多年。这是筚路蓝缕、卧薪尝胆的一百多年，这是风雨兼程、砥砺前行的一百多年……新老京张铁路前后呼应，相约于今朝盛世，一同见证中国铁路百年圆梦的峥嵘历程。

其实，自2008年8月1日，京津城际高速铁路开通运营之时，我们首先联想到的就是京张铁路。当时我们有幸乘上了由北京南站首发的C2275次列车，端坐在舒适洁净的车厢里，眼望着车窗外田野、树木、汽车、人，以及其他景物蒙太奇般闪过，列车在如诗如画的温馨氛围中平稳行进。人们两眼紧盯着车内显示屏上不断跳升的数字，当时速升至350公里时，小桌板上水杯里的水依然纹丝不动，车厢里群情激奋。我亲眼看到有人喜极而泣，是幸福，是激动，是慰藉，是思念……饱含的泪水顿时迷糊了彼此的视线。

情至浓时，以诗抒怀，我和我的诗人朋友李志强等人有感而发，共同创作了一首一千多行的长诗《大地飞歌》，刊发在大型文学期刊《人民文学》上。我们在诗中感慨道："北京到天津，一百多公里。今天半小时抵达，在清朝末年是两天的路程。中国，这是怎样的百年啊！昔日，旧中国的屈辱之路，坎坷之路，艰辛之路。今日，新中国的崛起之路，腾飞之路，辉煌之路，都叠映在动车车窗的拷贝中……"

我们以诗言志，感慨复感慨：这是怎样的百年之路啊！自然而然，我们由此联想到了京张铁路："汽笛声由幽远的历史深处传来，从京张铁路到京津高速铁路落成，呼啸的车轮在我身心里加速，铿锵的回声竟如此苍凉、凝重……"京张铁路是中国铁路古老的名片，是在中国乃至世界工业发展史上书写的浓重一笔。

从此，在国人的语境里"高速铁路""高速列车"被统称为"高铁"，并迅速普及为挂在嘴边的新词汇。与之相关的一切都变得约定俗成，若是乘坐高速列车出差或旅行，都习惯说"坐高铁"。随即有一首《坐上高铁去北京》的歌曲被广为传唱："坐上了高铁去北京，去圆我的中国梦。看看那雄伟的天安门，和永不倒的万里长城……"

当初人们并未预料到中国高铁发展会如此神速。曾经的世界高铁"追赶者"，纵身超越，立刻牵引起世人惊异的目光。再看，热身百年的京张铁路蓄势勃发，当仁不让成为世界高铁的“领跑者”。

京张高铁脱颖而出，第一个冲出了起跑线，追风逐电，一鞭先著，开启了领跑世界高铁的新征程。

此刻，我眼前的京张高铁建设正全面铺开，桥梁、隧道、轨道、站房……宏大的建筑已显雏形。工地上彩旗飘飘、机械轰鸣，到处呈现热火朝天的繁忙景象，随处可见提振精神、令人赞叹的标语口号。譬如：“擎笔舍家似离砚，力透山隧复兴现”；譬如：“不忘初心绘蓝图，筑梦京张立新功”；譬如：“立足高标准，追求

夕阳下的官厅水库特大桥桥面。
摄影 / 薛文辉

新标杆”；譬如：“着眼高创意，寻求新突破，向建设中国智能高铁目标奋发进取”等，不胜枚举。

置身于工地现场深受感染，我顿觉热血沸腾、豪气干云。

大张旗鼓，建设京张高铁就要有气壮山河的阵势。

马侃彦担任京张铁路公司党委书记、董事长，他带领着他的团队昼夜奋战在京张建设的阵地前沿。在众多建筑方的心目中，他们是京张高铁的建设方，也是未来京张高铁的管理者和经营者，兼权熟计，责无旁贷。亦毋庸赘述，令人期待的京张高铁赋予了他们怎样的使命和重托！

他说，京张高铁被誉为“智能京张”，是我国第一条在高寒、大风地区以时速350公里运营的高速铁路。相对于以往高铁的无砟道轨，京张高铁采用了有砟高铁技术，这在全国实属首例。设计者与建设者都面临着相当的技术难度和风险挑战。

我尤其注意到，在这条不算漫长的路径上，他强调了“智能”“高寒”“大风”“有砟轨道”几个关键词，无疑这也是京张高铁建设的突出特点及关键所在。

在京张铁路公司的主导下，京张高铁建设全面推进标准化管理，对各参建单位严格执行工程质量终身负责制。充分利用信息技术特别是BIM技术，应用物联网、可视化、可追溯等手段，实行最严格的建设质量和安全管控措施，确保施工安全稳定、工程质量优良。

同时，京张高铁沿线广泛采用降噪技术、绿色设计，站区使用再生能源、光伏发电、新型节能环保光源等新技术新材料……

实乃国之幸事，一条绿色环保的智能高速铁路生逢其时。

智能京张，新时代的灵光

如果说，百余年前的京张铁路打破了中国人不能修建铁路的国外断言，那么，今天的京张高铁等于首开了世界高铁智能化的先河。

京张高铁令人眼前一亮的整个工程实施过程，伴随着现代化智能科技的深化应用，以及大幅度的提升和飞跃。

工程人形容说，施工现场就像战场打仗。常言道“两军交战勇者胜”，无非是在突出一种气势。事实上，面对严峻挑战，光有“勇”还远远不够，还要有充分的“智”。智是智能，蕴藏着巨大能量。

我在京张高铁线上采访，从上到下，听到最多最响的字眼儿就是“智能”。主要包括三个方面：智能制造、智能装备、智能运营。

归结为一句话：智能京张。

智能的基本释义，是指智力和能力。从感觉到记忆到思维这一过程，被称为“智慧”，智慧的结果就产生了语言和行为，将语言和行为的表达过程称为“能力”，两者合称“智能”。而将感觉、记忆、回忆、思维、语言、行为的整个过程称为智能过程。

中国古代思想家一般把智与能看作两个相对独立的概念。《荀子·正名》曰：“所以知之在人者谓之知，知有所合谓之智。智所以能之在人者谓之能，能有所合谓之能。”我想，唯有在科技不断提升的进程中，智能才能有机结合为推动社会前进的丰沛动力。

“数学逻辑智能”“音乐智能”“空间智能”“人际智能”，以及“智能制造”……智能化方兴未艾。今天的中国，高铁建设者具备了足够的信心和能力实现自己的诺言，将智能京张着力打造成世界一流的精品工程，正努力争取做到也一定能够做到：让世界高铁看中国，让中国高铁看京张。

中铁设计京张高铁总体设计师王洪雨说：“我们是站在中国铁路、装备制造、综合国力飞速发展的肩膀上，谋划中国高铁的又一次飞跃。”他们整个团队300余名设计师，前期技术科研攻关可谓“七年磨一剑”，全力打造中国高铁的精品工程。

京张高铁作为我国智能高铁的示范工程，智能化“基因”贯穿于建设和使用的全过程，如春雨般悄无声息，一点一滴润入一丝一毫的具体细节中。而事实上，细节往往决定着兴衰成败。

中铁三局京张高铁项目部党工委书记杨祖胜介绍说，为解决工程质量要求高、铺轨工期紧、交叉作业等诸多矛盾，他们引进、研发各种先进的铺轨设备和技术，重点实现了指挥中枢信息化和智能化，以及梁枕场的智能化生产、质量追溯全生命周期智能化等，为工程建设保质保量提供了强有力的科技支撑。

在八达岭长城站房建设中，中铁五局八达岭长城站房项目科技部长杨才鑫自信满满，他胸有成竹地说，利用BIM+AR技术将施工方法以二维码的方式粘贴在施工地点，现场工人通过手机扫码，就可以直观看到如何进行操作。这样一来，施工质量得以提高，返工率降到了极低。

从逐梦到现实，从古老到新奇，京张铁路以“国脉匠心”与“中国智造”，时时刻刻擦拭着京张高铁沿途每一块亮丽的站牌。当年盘旋于长城脚下彪炳史册的“古老名片”，如今摇身一变再次成为拉动区域发展的“崭新名片”。

路在前方，我在路上。一路信步走笔，一路听有关专家讲解。京张高铁的“新奇”就具体体现在高铁智能的“点”“线”“网”上。

所谓智能“点”——车站，就是坚持人性化设计，优化车站服务功能配置，让车站“智能”起来。我个人的理解，就是“让车站服务变得更会来事儿，更加善解人意”。

——旅客不是期待交通工具换乘更加方便吗？那么，我们就让高铁、地铁和公交等多种交通方式无缝衔接，实现相互间的“零距离换乘”。

——旅客不是渴望高铁出行更加快捷吗？那么，我们就改进购票、进出站、安检、候车等流程。运用先进的信息化、智能化技术，通过电子客票、刷脸进站等简化便捷的乘车流程；站内导航与站外

京张高铁起点北京北站枢纽。

摄影 / 王明柱

导航融合，乘客从家中出发时输入车次即可导航至候车厅或检票口。

——旅客不是期盼安全周到的服务吗？那么，我们就实现车站 Wi-Fi 全覆盖，站台设置安全门，站内设有导航系统和自助服务终端，为旅客出行提供智能服务。

在铁科院电子计算技术研究所展台上，京张高铁客运智能服务机器人已经精彩亮相。机器人不仅可以实现站内导航，查询列车到发时间，还可以为旅客运送 100 千克的行李。携带大件行李的旅客扫描二维码或人脸识别，机器人就会在站内伴旅客行走，带领旅客去往检票口，极大满足特殊旅客的出行需求。

在场者不禁感叹：人间何世？神乎其神。

与此同时，采用建筑智能化设计，实现客站设备管理、客流监测、节能管控智能化。旅客想到的一定要做到，旅客没想到的要争取做到。时时处处尽心竭力，让旅客不时眼前一亮、心头一暖。

中铁设计京张高铁智能工程化设计总体负责人李红侠形象地描述说："未来的京张高铁 10 个车站将有同一个'大脑'。"通过这个"大脑"，工作人员在控制室就可以实现客站广播、灯光、温度、湿度等设备的管理、应急指挥等。

所谓智能的"线"——线路，采用智能化的列车运行调度指挥系统和牵引供电系统等技术；运用感知技术、数据传输、大数据分析等技术手段，提高铁路基础设施和技术装备运用维护智能化水平。采用北斗导航、防灾预警等技术，实现对铁路运营状态和运输安全的实时监测、智能分析、科学诊断。

设计者用心良苦，在此展示了一个智能空间。实时运用北斗卫星和 GIS 技术，为京张高铁部署了一张"定位"大网，为建设、运营、调度、维护、应急全流程提供智能化服务。

线路实时"体检"系统，可以将全线每一处桥梁、隧道、车站，甚至每一段钢轨通过传感器连接至电脑。零件是否老化，路基是否沉降，照明是否损坏，都能一目了然。

所谓智能的“网”——设备。在“复兴号”动车组技术平台基础上，针对北京冬奥会交通运输需求，面向社会征集智能动车组整车设计和外装内饰方案；采用一系列智能技术，实现动车组自动驾驶、自动诊断、智能维修；优化车内布置和服务功能。通过车载 Wi-Fi、智能交互终端设备等，最终提高旅行服务品质，为建设“文化传承、创新引领、建维融合、尊乘共享”的京张高铁文化积蓄动能。

中铁设计京张高铁信号设计负责人王东方介绍说：“列车的自动驾驶系统基本能达到和地铁一样，不同的是速度，难度就在于速度的把控。这是世界首次，怎样在 350 公里的时速下模拟一个最好的司机，需要用算法开出一趟安全、节能、高效的高速列车。”

说到京张高铁的智能自动驾驶系统，来自国铁集团工电部的专家莫志松介绍说，从功能上可总结为“四自动、一联动”：到点自动开车，区间自动运行，到站自动停车，停车自动开门，然后车门和站台门进行联控。复兴号 350 公里高速驾驶一次制动到停车误差 10 厘米之内，节电指标在 15% 左右，正点率理论上达到 100%，也就是说不会因驾驶问题造成晚点。

如今京张高铁开通，旅客有机会亲身去体验了。大家美美地坐着自动驾驶的高铁到张家口旅游观光，去坝上草原骑马、去崇礼银色世界滑雪……

京张高铁安全无人驾驶令人惊奇，同时又叫人浮想联翩。

在我的寻访中，京张高铁犹如灵光乍现，不时给人们闪电般的灵感，常使我骤然想到一座山峰的耸立，一条河水的流淌，一条隧道的延伸，以及一座桥梁的矗立……

由此我们有理由怀着无限向往，整装再出发，沿着智能京张的逐梦线路，寻觅心中的诗和远方。

精品京张，现实辉映历史

日月依旧，山河依旧，路径依旧。

京张高铁建设全面铺开，进入“精工制造”阶段，工程规模和施工技术与老京张铁路不可同日而语。

在整个采访途中，我与最早接触的京张公司贾全友老弟不时微信联系交流。他担任着党群工作部部长，平时工作已够忙碌，却依旧不厌其烦帮我联系采访对象，还不失时机地在微信中诗情画意一番。“如鹰翔蓝天，鱼跃碧水，这是多么壮哉美哉的中华大天地，铁路好儿女穿越在山河逐梦的乐章里……”这是他发来的由衷赞美。

哦，壮哉美哉！我乘高铁驭风去，饱览一路好风景。

在他的最初描述和我后来的实地采访中，京张高铁建设中的“一桥三站三隧”迎面而来。这些都是京张高铁全线控制性重点精品工程，影响着整个工程建设的大局。

所谓“一桥”即官厅水库特大桥。

官厅水库特大桥——水上钢铁长虹。大桥全长 9.08 公里，运用长距离顶推技术，采取了多项水源保护措施，体现了“涂装长效、水保严格”的建设理念。八个拱形钢桁梁构成的大桥，如一道卧波彩虹跨越辽阔明静的湖面，成为官厅水库一道亮丽的风景。

所谓“三站”即八达岭长城站、清河站、张家口站。

八达岭长城站——地下大宫殿。车站最大埋深102米，是目前世界上埋置深度最深、洞室群最集中、暗挖断面最大的地下高铁车站。

在建设中必须采用微损伤精准控制爆破技术，如医生的“微创”外科手术一样，力争做到对山体最小损伤。建设者首次运用300年耐久性的钢筋混凝土结构体系，充分体现“古老传统的历史长城，包容创新的人文京张”等核心设计理念，重点强化了对自然环境和历史文物的保护与利用。

清河站——古今相观照。清河站是京张高铁始发站之一，也是京张高铁线上规模最大的一座车站，面积达14万平方米。

车站设计可圈可点，实现高铁、地铁及市政工程一体化，首次实现地铁站台与铁路站台同层，设置5台10线，地铁13号线、昌平线、19号支线3条线路引入清河站并设站提供便捷换乘，是目前北京引入地铁线最多的高铁车站，系北京市北部综合交通枢纽。

欣慰的是，距今已有110多年历史的清河老站房，分三次完成了平移工程，成为京张铁路唯一平移保护的历史建筑，并在京张高铁施工时得以修缮，作为博物馆永久保存，以延续城市的历史文脉。老站房与清河高铁站比肩而立，呈现新老站房跨越百年同站同框互为辉映的独特景观。

张家口站——区域新地标。京张高铁张家口站位于城市主城区以南京包铁路张家口南站旧址。车站总建筑面积约9.8万平方米，其中，南北站房、高架候车厅规模约为3.5万平方米，站场规模6台16线，中间为高速普速合用站台。采用了高架站型、站场地下开发、车行交通与人流步行系统，使乘客享受舒适便捷的换乘体验。

张家口站将成为呼张、京张和大张三条高铁线路的交汇地，跃升为京津冀蒙区域又一个高铁新枢纽，成为西北地区接入京津冀蒙高铁路网的新驿站。

“三隧”即新八达岭隧道、清华园隧道和正盘台隧道。

新八达岭隧道——壮美长廊。隧道全长 12.01 公里，3 次地下穿越长城。

建设者采用多工作面协同作业，有效满足了环保和工期要求，与八达岭长城站同步设计、同步建设，珠联璧合，相得益彰。体现了高铁文明与民族气质、长城品格的高度兼容，实现了高铁建设与周边环境、区域文化和谐共生、相互辉映的美好意愿，在天地山水间描绘出“烽台桥映”“城台夕照”等壮美景观。

清华园隧道——遁地潜行。隧道全长 6.02 公里，是目前国内位于城市核心区、穿越地层复杂、重要建筑物众多的单洞双线高风险隧道。

建设者采用隧道盾构施工技术，解决了施工风险大、周边环境复杂、地层变形控制严格等诸多难题。通过地下“微创神经手术”，充分利用地下空间，减少占地、降低环境影响、消除城市分割，实现了“京张高铁促进北京和谐发展”的建设要求，成功开创了高铁建设穿越繁华闹市的模式。

正盘台隧道——穿山而过。隧道全长 12.97 公里，是京张高铁与崇礼支线第一长隧。

建设者面对涌水、塌方、岩爆等复杂多变的地

官厅水库特大桥桥面施工中。
摄影 / 王明柱

质条件，采取长隧短打策略，在正洞及辅助坑道累计 35 个作业面，实施全工序机械化施工，独具特色。依托信息化平台，推行隧道形象化、三维激光扫描等六大系统，实现了工程管理智能化。施工人员迎难而上，围绕超前地质预报、机械化配套升级、长大隧道多工作面通风等技术，开展科研攻关，取得 12 项科研成果。

在改变山河的奋进中，在开拓道路的拼搏中，建设者的坚毅与执着，让这个世界呈现出坎坷的艰辛以及创造的伟大。

“万鼓雷殷地，千旗火生风。”我在施工一线采访，时常被轰轰烈烈

的现场氛围所感染所鼓舞。“一桥三站三隧”就好比盘踞在冲锋道路上的碉楼暗堡。建设者像英勇冲杀的战士那样，一往无前，奋不顾身，实施重点突破和定时攻克。

“三军思奋，斗必十倍。”坚甲利兵，锐不可当，旗开得胜。集结号，就是冲锋的号角。在全线攻坚的日子里，每个团队都保持了强劲的战斗力，每一支团队都是一支无坚不摧的掘进队，一支战无不胜的爆破队，一支闯关夺隘的先锋队。

2016 年 4 月 16 日，中铁大桥局六公司新建京张铁路项目部钻孔桩首次试钻成功，在官厅湖畔打下第一根桩。

迎着天边灿烂的朝霞与晚霞，通向天边的道路拓开新的疆场。紧随着决战京张的战役打响，各个战场相继夺得阶段性胜利，捷报频传，战果斐然。

——2017 年 9 月 10 日，中铁五局负责施工的京张铁路三标八达岭长城站“零误差”贯通，标志着八达岭长城站第一个重大节点工期顺利完成，为实现 2018 年 8 月 31 日八达岭地下长城站全面贯通奠定了坚实基础。

——2017 年 11 月 11 日 9 时，随着千斤顶将钢梁顶推到位，八个拱形钢桁梁横跨官厅水库，京张高铁官厅水库特大桥主桥主体工程完工。

——2018 年 4 月 13 日 16 时，随着最后一声炮响，由中铁隧道局施工的京张高铁崇礼支线正盘台隧道泄水洞顺利贯通，比计划节点工期提前 2 天。泄水洞贯通实现了正盘台隧道涌水的安全排放，极大缓解了隧道涌水带来的安全风险，同时也为关键线路施工提供了工期保障。

——2018 年 10 月 20 日，清河站最后一榀 25 米钢梁披红挂彩，被缓缓吊起精准地吊装在站房顶部东侧外沿上。随着最后钢架的“拼图”精准对位，清河站主站房的主体结构正式建成，随即进入装修阶段。

——2018 年 12 月 13 日，京张高铁正线里程最长的新八达岭隧道顺利贯通。这是京张高铁正线 10 座隧道中最后一个贯通、里程最长且施工难度最大的隧道。

——2019 年 5 月 30 日，张家口站在京包铁路张家口南站旧址上拔地而起，轮廓分明，车站主体结构基本完工。

——2019 年 6 月 12 日，京张高铁最后一根钢轨在中铁三局杏黄色的 WZ-500 型无砟轨道铺轨机牵引下，稳稳地落定在清华园隧道的轨枕上，精调后轨距误差在正负 1 毫米之内。这标志着京张高铁实现全线轨道贯通。

中铁电气化局京张高铁建设指挥部党工委副书记周湘民与我并肩而行。他兴奋地对我说："京张高铁全线铺轨完成，为下一步京张高铁联调联试和年底开通奠定了坚实的基础。随后就看我们了，电气化是高铁建设接力赛的最后一棒，更需要拿出奋力冲刺的劲头和速度……"

的确，电气化的任务必须争分夺秒抢时间，在铺就的铁道上，他们要引进电力网线、变电，接通电缆、信号，架设高铁接触网……让高铁心明、眼亮、耳聪，为高铁插上动力的翅膀。

我沿京张高铁实地行走，智能化的无限天地，任由思绪徜徉，唯有高铁载我飞翔。

此刻，敢问天上的飞鸟儿，我能否在大地上飞翔？看延伸的钢轨与如风的车轮，早已丰满成欲飞的翅膀。我是往返于山川河流的行者啊，为崛起的高速一路歌唱。

距离延续着无边诱惑，位移创造出神奇想象。那么，就让思想的车头，穿越爱因斯坦的物理隧道，奔向无限的纵深和宽广。那该是一种不老的神话！那该是一种永恒的飞翔……

京张高铁，发给世界的请柬

京张高铁与一场世界盛会相遇。

2015 年 7 月 31 日，马来西亚吉隆坡，难忘那个令人激动的瞬间。

在国际奥委会第 128 次全会上，全世界的目光都投向国际奥委会主席巴赫，只见他轻轻打开印有奥运五环标志的信封，向世界展示写有“BEIJING 2022”的结果牌，郑重宣布：“中国北京获得 2022 年第 24 届冬季奥林匹克运动会主办权。”

顿时，中国北京申奥代表团的席位上一片沸腾，人们笑逐颜开、欢呼跳跃……北京创造了传奇，有幸成为第一个既举办过夏奥会又要举办冬奥会的城市。

2018 年 2 月 25 日晚上 8 点 18 分，韩国平昌冬奥会闭幕式上，容纳 3.5 万人的平昌奥林匹克体育场座无虚席，以展望未来为主题的闭幕式文艺演出精彩纷呈。北京作为下届冬奥会举办城市，在闭幕式上献上了《2022 相约北京》的 8 分钟文艺表演，将现场气氛再次推向高潮。

在北京冬奥会“冬梦”会徽的辉映下，22 名中国轮滑运动员与 24 名智能机器人尽情演绎冰球、冰壶、滑雪等冰雪运动，高科技的影像变幻着大飞机、航天器、中国结、中国龙、中国高铁等中国元素。

中国国家主席习近平通过现场视频，向全世界发出了邀请，他诚挚地说："我和亿万中国人民，欢迎全世界的朋友，2022 年相约北京！欢迎你们，欢迎朋友们！"

"有朋自远方来，不亦乐乎！"中国人民愿与世界人民共襄盛举，北京冬奥会场馆和京张高铁等配套基础设施建设随之展开。

2022 年北京冬奥会比赛场地除北京城区外，还分别设在北京的延庆区和张家口的崇礼区。据组委会介绍，全部比赛将产生 109 块金牌，其中雪上项目主要在张家口赛区进行，大约产生 51 块金牌。

京张高铁，包括延庆支线、崇礼支线等重大基础建设必须实时跟进。

据我实地采访了解，北京冬奥会场馆建设在有序推进，同时在建的还有张家口冬奥村和张家口颁奖广场。而京张高铁已将北京、张家口、崇礼、延庆连成一线。

按照计划，国家高山滑雪中心竞速赛道于 2019 年 11 月达到测试赛要求，其他竞赛场馆也将在 2020 年陆续完工。2020 年 2 月 15 日、16 日，世界杯高山滑雪比赛的举办将是北京冬奥会的首场测试赛。

盛会佳期在望，喜讯频频传来。

2019 年 10 月 5 日 14 点 18 分，首列综合检测车 55201 次从新建昌平站开出，京张高铁联调联试工作正式启动，预示着京张高铁正式开通进入倒计时。

2019 年 11 月 7 日上午 8 点 30 分，05301 次列车从清河站开出，中国具有完全自主知识产权的智能动车组在京张高铁参与联调联试。这是京张高铁正式开通的前奏曲。

京张智能动车组不仅外形漂亮，还增加了诸多功能。

中国铁道科学研究院机车车辆研究所副所长张波介绍说，京张智能

型动车组除了自动驾驶、智能行车之外，还以“复兴号”为基础，增加了智能模块，可以更好地在山区及高寒地区运行；同时增加了奥运配置，具有新闻转播、赛事直播、放置滑雪板等功能，针对京张线路的特点设计了高加速功能，提高在大坡道的运行能力，设置有应急自动运行功能，可确保在一定电量情况下运行至临近地点等。此外，为更好地服务国内外旅客，还增设英语、西语、法语、俄语、手语等客运服务。

建设中的崇礼高铁站。
摄影 / 原瑞伦

在第十五届中国国际现代化铁路技术装备展会上，为 2022 年北京冬奥会和冬残奥会特别设计涂装的智能京张高速列车模型“瑞雪迎春”和标准涂装列车“龙凤呈祥”同时在展台亮相，再次让人们对智能京张高铁充满了无限期待。

京张高铁必然出彩，全世界拭目以待。

国外众多主流媒体争相报道，英国《泰晤士报》撰文说：中国已修建跨越“世界屋脊”的青藏铁路，还在新疆等西部偏远地区修建了世界上最长的沙漠高铁。一旦京张高铁建成，将是中国又一项建筑壮举。

征程万里云鹏举，一路追梦唱大风。

建设京张高铁是落实党中央、国务院重大决策部署的重要举措。习近平总书记在北京城市规划建设和北京冬奥会筹办工作座谈会上指出，要深化细化冬奥会基础设施建设规划，努力建设精品工程。

中国铁路人说，请总书记放心，京张高铁一定能！

中国国家铁路集团党组书记、董事长陆东福多次对京张高铁建设提出要求，并亲自考察施工现场，要求以对党和国家高度负责、对历史高度负责、对铁路事业高度负责的精神，优质高效完成京张高铁建设任务，展示中国高铁建设运营的新成就。

中国铁路人深知，建设京张高铁意义非凡、责任重大、使命光荣。建设好京张高铁理所当然，义无反顾，舍我其谁。

中国铁路人“不忘初心、牢记使命”，始终致力于“交通强国、铁路先行，科学有序、安全优质”的伟大实践。在极短的时间里，高铁建设突飞猛进，“中国速度”不断刷新世界高铁记录。

中国高铁已成为一张亮丽的“国家名片”。

中国铁路人致力于“精品工程、智能京张”建设，愿为世界举办一届卓越、精彩、传奇的北京冬奥盛会提供一流的交通服务保障，愿为国家繁荣强盛和促进全球共同发展贡献智慧和能量。

京张高铁是中国发给世界的“奥运请柬”。

相信，京张高铁开通日，定是百年圆梦时。

人们期待着，期待着这个令人心动的时刻。

2019 年 12 月 30 日，随着北京北站始发的“复兴号”一声悠扬的笛声，京张高铁开通运营。这是世界上第一条采用北斗卫星导航系统并实现自动驾驶等功能的智能高铁。与此同时，崇礼支线、大张高铁和张呼高铁投入使用，京冀晋蒙的时空距离瞬间缩短。

“最强大脑”实现智能运行，“最强引擎”保障爬坡应急，“最强内饰”改善旅客体验……百余年来，中国铁路从未停歇自主创新的脚步。新老京张先后刷新历史的节点，被誉为“最聪明高铁”的智能京张再次树起中国高铁的新标杆。

沿途各地民众载歌载舞，东花园北站等站前广场锣鼓喧天，红衣红帽红鼓，红气球红飘带，热闹成一片沸腾的红色海洋。众多网友按捺不住内心激动，纷纷以网络用语“喜大普奔”表达热切的期盼。“喜大普奔”是“喜闻乐见、大快人心、普天同庆、奔走相告”的缩略形式，把几个成语合在一起旨在表示一件让人欢欣鼓舞的事情。

这是收获幸福的时刻，欢声笑语充满了车厢；这是放飞憧憬的时刻，孵化的想象展开了翅膀。就在京张高铁两条钢轨之上，准时诞生腾飞的渴望。

雄关漫道真如铁，千山万壑任飞翔。当疾驰的列车擦肩而过，我禁不住吼一声大风起兮云飞扬，任凭热血的江河在胸中奔腾激荡……

此时，天地辽阔，山河壮丽。京张百年，百年梦圆。

熔铁为路，有多少记忆随风飘逝

1909
1910
1911
1912
1913
1914
1915
1916
1917
1918
……
2010
2011
2012
2013
2014
2015
2016
2017
2018
2019

光阴荏苒，日月如梭，京张铁路走过百年峥嵘岁月。

相对于城市建设的日新月异，京张铁路真的老了吗？

虽说京张铁路是一条具有百年历史的交通基础设施和工业革命遗产，然而，随着北京城市的不断扩容发展，位于五环内城区段的铁路格局亟待有所改变。尤其近些年来，人们愈发意识到城市道路不时被穿城的铁路割裂业已成为城市急需治理的顽疾之一。由此引发的道口堵塞、交通拥挤与日俱增，市民啧有烦言，可谓诟病久矣。

于是乎众声喧哗，好消息亦随之风传：京张高铁建设指日可待。

2016 年 10 月 25 日，终于盼来确切消息。北京铁路局发布正式通告：为配合京张高铁北京北至清河段引入北京铁路枢纽工程施工，自2016年11月1日起，北京北站暂停办理客运业务，清华园站停止办理客运业务。

同一时间内，京城几乎所有媒体都做了相关报道：为保障京张高铁在北京五环内地下线路的施工安全，地面铺设的老京张铁路轨道即将废弃拆除。

清华园站在此次停线改造后不再承担铁路客运功能，轨道也会被拆除。但站房因其为文保建筑，将加以保留。原地面空间将改建成长达9公里的带状公园——京张铁路遗址公园。

虽说心中早有预期，一旦消息坐实，人们还是觉得事发突然。

北京人老话儿是怎么说呢？抽冷子一转身儿，昨天就成了历史，往事就成了典故。蓦然间一回眸，人生就成了风景，沧海就成了桑田。

想想吧！在命运大交响的经纬上，这条百年京张铁路上奔跑的火车承载着一代代人多少难忘的记忆啊！那可是一个多世纪的记忆呢！

人活天地间，深谙世事变幻。我们时见天上的浮云，飘着飘着，就随风飘逝了；也时常感慨地上的许多景物犹如浮云，譬如人群、声音、树木、房子、道岔、路口……也会在尘世间随风飘逝。

但唯独有些记忆不会随风飘逝。因为记忆深刻在大脑的沟回里，因为记忆藏匿在岁月的皱纹里。

突然想起余光中的散文《记忆像铁轨一样长》，百年京张铁路该有多长呢？包括风雨侵蚀与车轮磨损后被更新的，那铁轨有多长，记忆就会有多长……

五道口，风霜雨雪中的等待

2017年是丁酉鸡年。

吉庆之年刚过，人们似乎依旧沉浸于浓浓的年味儿中，位于京城五道口的京张高铁建设工地上，已是一片机械轰鸣的热闹景象。路过的人们瞅一眼就能看到，工地上十几米高的打桩机正在打桩作业。明眼人儿都甭打听，显然是京张高铁建设第一标段工程动工了。

附近的居民最有发言权，要说起京张铁路的前世今生，首先就绕不开五道口。

五道口是北京著名的铁路平交道口，聚集了太多太多的人，也聚集了太多太多的话题。只要一挪动五道口的铁路栅栏，就等于“呼啦”打开了记忆的闸门。

五道口位于海淀区中心位置，在区内所辖的23个行政街道中，有9个与五道口相邻。中国的第一条铁路京张铁路打此路过，众多名校、重点科研院所、商业银行，以及知名企业云集于此，不同肤色、不同国籍的人们在这里相聚。这里曾被人戏称为“宇宙中心”。

五道口的由来有两种说法，一种和京张铁路有关。据说自西直门火车站（今北京北站）由南向北修建了一条京张铁路，就出现了一些与铁路交叉的道口，并自南向北依序简称为一道口、二道口、三道口、四道口、五道口。又因铁路带来的区域繁华，在几个道口附近逐渐形成了以道口命名的村落。也有一说：五道口系五个方向交会的路口，因此而得名。

2019 年 7 月初。我到中铁十四局京张高铁工程建设项目部采访，第一位接待我的是项目部副经理高始军。这是一位 31 岁的男青年，一米八五的身材，有着仪仗兵的容貌。他告诉我："您现在站立的地方往下十几米深处，就是我们正在打通的京张高铁清华园隧道。顺着高架桥上的地铁 13 线，您就能看清这段京张铁路的基本走向。现在五道口的铁路道口取消了，交通应该畅通多了。晚饭后您不妨到不远处的五道口去转转，或许能采访到京张铁路的许多传闻轶事。"

受他鼓动，我来到晚上八点半的五道口，看到五道口地铁站依旧熙熙攘攘，人潮涌动；大街上小轿车、公交车、电动自行车依旧川流不息；两侧的便道上行人摩肩接踵……五道口依旧喧嚣繁忙，交通流量之大令人咋舌。

那么，在铁路道口撤销之前呢？我想无须再论证，五道口的交通状况已可想而知。

有人形容说，五道口之所以名气大，是因为它给人强烈的滞留感，就像吞咽食物时被噎住的感觉。

五道口有一个铁路平交道口，地处高楼林立之中，与地铁 13 号线车站相邻。在车水马龙的道口，不时有通行的列车呼啸而过，这对于一座大都市的交通而言，宛如一种切肤之痛。

每当列车要通过时，随着一阵急促的铃声，耳边响起那句熟悉的"行人车辆请注意，火车就要开过来了"的提示音，临时栅栏随之关闭。正在行进中的车和人犹如河流突遭堤坝闸门拦截，惯性拍击着闸门直到停滞下来。常常看见有车有人为了赶时间，抢在栅栏关闭前的瞬间冲刺而过，可谓险象环生，时而惊人一身冷汗。

道口值班员恪尽职守，手里挥舞着红绿色信号旗，难免要与抢行者理论一番，一言不合一方翻脸，进一步矛盾升级，或争吵或打骂……来自交通环境的冲突消磨着人们的教养，这样的情景时有发生。

更多的时候，是道口来车之前，铁栅栏准时拉上，人和车纷纷停顿下来，拥挤在道旁等候。随着机车的笛声，串联的列车携风而来，车窗内外的人们蓦然一瞥后，被道口迅速割断了视线，而万千思绪缠绵不断。如此一幕又一幕，在我们的记忆里不知已呈现过多少次了，也曾坐在车厢里默默地望着道口，为风霜雨雪中等待的人们感叹不已；也曾站在风霜雪雨中焦急等待，默望着车厢里的人们无奈无言……

有人说，这时的无言不仅是无奈的表现，更是折服于人人需要遵守的交通规则。铁路先行，除了等待你别无选择，即使是一路疾呼的救护车也得等待。我的一位老战友就住在五道口附近，一说起五道口就立刻皱起眉头，他说年轻时有好几次送孩子上学或上班迟到，都是因为在五道口等火车给耽误了。所以呀，只要通过五道口道岔，就存在时间的不确定性。为保险起见，你必须预先计算好等火车的时间。

五道口是知识分子扎堆儿的地方，到处都充盈着浓郁的学术氛围。附近清华大学的几位学者就搞出了一份调研报告：五道口从预警关闭铁栅栏到火车通过打开铁栅栏耗时平均为 6 分钟。按照北京北站当地的运输能力，每天要有 57 列火车经过五道口，所以一天中五道口有 5 小时零 7 分钟是处于关闭状态的。这时五道口俨然成了马路上的“停车场”。

因此，五道口长时间人声鼎沸，车马喧嚣。不说雨雪天气，即便天公作美，列车平均 20 分钟通过一次，上下班高峰时段，常常让这里的交通混乱不堪。

对于行人或骑行者来说，虽然举步维艰，还可以钻个空子，或见缝插针，或迂回向前。

开车族就只能望洋兴叹，于是堵出一句名言：世界上最遥远的距离不是天涯海角，而是开车身处拥堵的五道口。不断溢出的车辆拥堵在狭窄的路口，即使使出洪荒之力也徒劳无果。眼瞅着前方红灯绿灯转换闪烁，长长的车龙泰然自若，兀自岿然不动……

千呼万唤始出来。人们终于盼来五道口铁路道口废除，附近的居民应该是最先拍手称快的人群。事实上，他们也是感情上最复杂最为纠结的一群人。

在电视台一档新闻节目中，家住附近的王教授对记者说，他今年已过花甲之年，是听着着火车的鸣笛声长大的。对于他们附近居民而言，五道口不仅是一个平交道口，更是一个看火车的好去处。哪怕是环境嘈杂、看点单调些。20 世纪 80 年代他就经常带孩子来道口看热闹，那时候火车的轰鸣声很大，驶过路口铁轨时“铿锵铿锵”地响动，特别有震撼力，过车时得帮着孩子捂住耳朵才行。

五道口啊，五道口，说你什么好呢？因京张铁路而汇聚繁华，因京张铁路而徒增烦恼。

诟病已久，期盼已久，五道口终于畅通了。

很多人怀着爱恨交加、悲欣交集的复杂心情，亲眼目睹了五道口令人期待的摇身一变：紧随着京张高铁的建设进程，五道口、四道口、双清路道口三个铁路平交道口被迅速拆除，随后铺设了沥青路面，交通拥堵状况得以最大缓解。

人们感慨绕不开的五道口，今天传奇般地被京张高铁从地下成功绕开了。放在过去，这是个难以成真的梦想。

2016 年 10 月 31 日晚，历史的镜头聚焦在五道口。

像往常一样，列车到来的提示音过后，铁路平交道口准时关闭栅栏。待到控制室墙上那只老旧泛黄的挂钟指向了 23 点 57 分，K273 次列车疾驰而过，年过半百的老道口工立正姿势，庄重地举起右手敬礼，转身目送列车远去。随后对讲机传来令人感伤的道别：“五道口，不说再见了。”

不约而同，五道口两侧聚集了许许多多的人，有不少人忙着用镜头记录下这值得珍藏的一幕，很多人唏嘘不已。

夜色深了，能真切感觉到在寒意料峭的秋风里，有禁不住的热泪肆意飘洒。

这是驶过五道口的最后一列火车。

那些在钢轨上隆隆作响的车轮，就从这一刻戛然而止。从此，五道口定格成为记忆深处永远的影像。

清华园站，您还记得我吗

清华园站，教我如何不想她！

清华园站不是梦中的情人，清华园站是京张铁路距北京城最近的一个老车站。在京张高铁设计图上，老京张铁路途经的清华园站被用了灰色标记。

清华园站将随着京张高铁的开工而停用，由北京北到清河间的京张铁路将被隐入地下的隧道之中，而“清华园”这个从清朝末年流传下来的站名，也将以另一种形式继续留存下去——京张高铁穿行清华园站的地下隧道被命名为“清华园隧道”。

据新闻媒体披露，2016 年 10 月 31 日 23 时 54 分，最后一班列车开进清华园站送走最后一批旅客，届时将宣告这个百年老站退出历史舞台。

一时间，老站即将关停的消息不胫而走。很多市民专程赶来拍照留念，甚至有人还想再坐上一回火车体味一下。更有市民特意从石景山、通州、大兴等地赶过来，与老车站深情告别。

10 月 26 日一大早，我也赶去清华园站凑热闹，与不少陆续到来的市民不期而遇。我看见不时有人到窗口询问，是否还有 31 日最后一班列车的车票。窗口工作人员摇摇头，告诉大家上周就售罄了，只剩日期较近的部分车票了。

据了解，目前停靠清华园站的列车，除了 S2 线城际列车外，便只剩下北京北站至承德之间的 4471/4472 次列车。它是北京为数不多的绿皮车了。4471 次列车每天 9 点 12 分从北京北站发出，不到十分钟就到达清华园站，而要在清华园站停靠 22 分钟之久，有充足时间供旅客在站台上散散步，领略一下老站区的历史风貌。

人们的目光环顾四周，越过低矮陈旧的站房，能轻易望见奔跑的地铁 13 号线，以及高高矗立的中关村科技大楼。一位中年人说，可以理解吧，北京北站到这儿太近了，高铁跑起来一眨眼儿就到了，真不值得在清华园设置站点儿了。

这时候，有个小伙子拿出两张粉色的车票向我展示。我仔细看了看，票面上显示的信息是：4471 次，北京北站至清华园站，硬卧代硬座，票价 2 元，2016 年 10 月 31 日 09 点 12 分开。

他颇为认真地说："当时还恐怕下手晚了抢不上呢。"

我问他："您为啥不买全程票呢？"

他笑了，说："这个您就不明白了。要走完整个行程到达承德，需要 10 个小时左右，我哪有那么多时间啊！再说了，我本意就想坐到清华园站下车，这是最后一班车，过了这个村就没这个店儿了，才觉得很有纪念意义呢。"

紧接着，他又说，"如果京张高铁开通了，我一定买张全程票，听说到张家口才需要 50 分钟，在张家口逛游一遭，当天打个来回不成问题。只是不知道我能否抢到首发车次的车票。"

刚退休的甄先生买了两张清华园到北站的硬座票。他说这个车站留下了他们许多青春的印记。他想和老伴儿一起再从这儿坐一次车，"再不坐呀以后真没机会喽！”甄先生指着站房东侧说，“这儿以前是个大花坛，人们可以随意走，我们年轻那会儿，经常并肩站在这儿看火车。”

我心里想，都说北京人从不落伍，却爱怀旧，这次我真是见识了。珍惜历史，珍惜古迹，珍惜文物，珍惜民俗，珍惜老城门楼子、老四合院、老胡同……甚至珍惜旧时小商贩的吆喝声。

或许这就是一种文化传承吧，热衷怀旧的人不仅有七八十岁的老者，70 后、80 后，甚至 90 后也

京张铁路清华园站。
摄影 / 王明柱

大有人在，且乐此不疲。

2016 年 10 月 31 日，天空碧蓝如洗，是清华园站谢幕的日子。

自中午时分始，这个三等小站逐渐热闹起来，连钢铁结构的天桥上都站了一群人。我意外发现，告别的人群中竟然年轻人居多。其中不乏记者、作家、画家、艺术家、摄影家……人们纷纷前来，或买票收藏、或乘车体验、或拍照留念、或采访报道、或素描写生、或构思诗文……大家各有各的纪念方式。

北京大学铁路文化协会、清华大学交通文化交流协会等社团的师生纷纷展开自己的旗帜，这是一群对火车情有独钟的人。他们说，我们都有一个共同的名字——火车迷。

清华园站站长刘凤强显得格外精神。他身穿藏蓝色铁路大衣、淡蓝色衬衣，扎一条碎格儿的深红色领带，方脸上挂满了笑容，时不时被人邀请合影留念，还不忘及时回应众人提出的各类问题。

刘凤强也或许想都没想过呢，他无意中竟然成了清华园站最后一任站长。

刘站长介绍说，“清华园”三个字应该最早出自圆明园的熙春园。清华园车站的站匾，是詹天佑老先生亲笔题写的，落款是“宣统二年冬季”，那正是车站落成的 1910 年。清华大学牌楼上的“清华园”是晚清重臣那桐的题字，落款是“宣统辛亥”，也就是 1911 年，比清华园车站还晚了一年。

他接着说，1949 年 3 月下旬，毛泽东、刘少奇等中共中央领导人由西柏坡来北平，25 日夜，从涿县乘坐铁路专列进北平城。当时考虑到前门车站附近时有国民党潜伏特工活动，临时决定在清华园站下车。

“可以说，毛主席率领党中央踏上新中国首都的第一步，就在清华园车站。当年开国大典，清华园站还专门开出一趟‘清华专列’，专程运送清华的师生参加国庆典礼。”刘站长被一群青年学生簇拥着，侃侃而谈，语气中充满自豪和不舍。

北京大学铁路文化协会的一位同学告诉我，20世纪50年代，由于清华大学校园范围扩大，学生上下课还要横穿京张铁路，既不方便也不安全。时任清华大学校长的蒋南翔便设法将铁路向西移动了约800米，尽量按原样儿建设了新的清华园站。过去的五道口，也移到了今天的位置。

我在两位“火车迷”的引导下，慕名走进清华大学南门外成府路南侧一条狭小胡同里，老清华园车站遗址就隐匿在嘈杂的市井之中。如今，这座清晚时期的老建筑历经世间百年风雨，只遗存一堵较完整的青红砖斑驳的女墙，上面詹天佑亲笔题写的站名清晰可辨，于沧桑中隐现正大气象。

清华园站，您认识我吗？

此刻，众多造访者久久伫立在老清华园车站的遗址前瞻仰，就像望着曾祖辈泛黄模糊的画像。刹那间我就被一种难以名状的伤感击中。试想这遥寄人生之旅的驿站，铺展着千万里月光的站台上，承载着人间多少聚散离合啊！

我联想到朱自清的散文名篇《背影》中称站台为“月台”，我是由衷地赞赏，不知是哪位先人最初赋予了站台这么诗意的命名。虽是地域不同，月光之台上，世人在此重复了多少次情境再现，心境是惊人相似。

呜呜，呜——火车嘹亮的汽笛声，猛然间划破了心中的寂寥。等我走出很远，再次驻足回望时，仿佛看见喷着烟雾的车头正拖着长长的车厢徐徐驶离车站，那片泛滥着无限情思的站台上，除了亘古不变的月光，空无一人。

逝者如斯夫，时光似水流。

现在的清华园站业已度过一个甲子，站房将被保留下来。“火车迷”们欣慰地说：“以后还可以常回来看看。”

我们追寻京张铁路的来龙去脉，厚重的历史宛若路基下坚实的岁月铺垫。京张高铁正是由现代化的高站台展翅启程，从而获得了足以飞翔

老清华园车站现状。摄影 / 原瑞伦

的底气和力量。

16 时 21 分，清华园站的站台上群情激奋。

4472 次列车缓缓驶入站台，有票的没票的“火车迷”们迅速拍照合影，然后排队准备上车。车站和列车的工作人员今天破例网开一面，不忍心给大家留下遗憾，允许没票乘客先上车再补票，因为这趟途经清华园站的末班车，在放票几小时内车票即被抢购一空。

列车很快开出清华园站了，车厢内被人围堵得水泄不通，我只能在车厢的连接处栖身。女列车员有些寸步难行，只得亮起嗓门喊：“谁补票请赶快把钱传过来！”因为开车 7 分钟后，本次列车将驶入终点站——北京北站。

“放心吧，今天绝对没人逃票。”有人回应说，“大伙儿们还巴不得多补几张票呢！我还想给朋友捎上一张车票呢，这是一份多么值得收藏的纪念啊！”

车厢里气氛温馨，彼此交谈投缘。车上有个“超级火车迷”刘先生，他在获悉清华园车站将要停运的消息后，特意从遥远的黑龙江绥芬河赶来。他说家乡的绥芬河老站也停止运营了，每一座老车站都承载着一段历史，他对老车站有着割舍不断的感情。

列车驶进北京北站时，车厢里依然气氛热烈，痴迷收藏车票的旅客仍在排队补票。众人将列车长团团围住，纷纷要求在车票上加盖列车长的名章作纪念。

清华园站至北京北站的车票，仅仅两元钱的票价，在收藏者的心里弥足珍贵。试想，这一张张粉红色的小小车票啊，蕴藏着绿皮车里多少令人留恋的旧时光，默默讲述着旧时光里多少相识相知相恋的人和事儿。

我看了一眼手机，已经是 16 点 50 分了，火车到达北京北站已经 20 分钟了。一群狂热的“火车迷”仍在站内流连忘返。

北京北站是 6 台 11 线尽头纵列式车站，位于北京西城区原西直门站旧址，是京张高铁的起点。车站经过升级改建，在人们的期待中重新亮相了，既保留了老西直门车站的装饰风格，又增加了京张高铁的绿色温馨文化气息，多维度呈现独有的今古融合的人文景观与艺术特色。

早在1909年，随着京张铁路的通车，时为京绥铁路的西直门车站投入运营。据说车站的主站房、月台，以及连接月台的老天桥均为詹天佑先生设计。1995年被认定为第五批北京市文物保护单位，现仍然保留完好，坐落在北京北站的站台东侧，不时吸引着过往旅客的目光。

站里的一位工作人员讲，2009年1月，北京北站曾经改造，与西直门交通枢纽相通。接发车能力由原先的11对提高到17对，高峰时期可达22对。在京张高铁建设期间，北京北站的到发列车分别调整到黄土店站与昌平北站两个临时站。北京北站要等到京张高铁建成后才能恢复客运功能。

哦，我突然想起来了，中午就听刘凤强站长说过，今晚他们送走从清华园站经过的最后一趟列车，还要连夜赶到黄土店站，负责明天S201次列车的首发。

老京张，历史画卷中的现代风景

举头红日近，回首白云低。登高望远处，风光在险峰。正如历经京张铁路跌宕起伏、逶迤蹉跎的艰难行程，才让人们有机会欣赏到居庸关、关沟等沿途仙境的美景，才使著名的八达岭长城更早展示在世人面前。

有人说，乘上S2线列车，就等于踏上了京张铁路的怀旧寻梦之旅。

S2线与京张铁路有关系吗?

不但有关系，而且是铁关系。

可以这样说，S2线路图就包含了京张铁路最经典的区段。这条线路开通不久，期刊《城市轨道交通研究》上就有学者撰文，称赞京张铁路“老当益壮，新增城市轨道交通功能”。

这条被称为“近郊最美”的S2线是2008年8月6日开通的，是为北京奥运会而诞生的旅游专线。最初从北京北站发车，抵达延庆；2012年12月21日，S2线出了北京地界，延伸至河北张家口市怀来的沙城站。

2019年，S2线又有幸成为游览世园会的重要交通保障线。

列车蜿蜒穿行于长城脚下，连接北京市区与世园会的核心区。为此北京铁路局集团有限公司将 S2 线车次做了更加科学合理的调整，最大限度满足和保障了中外游客参观游览的交通需要。

譬如，为了方便旅客购票，S2 线乘车在购票和刷市交通卡两种进站方式基础上，又增加了刷“京津冀一卡通”和“亿通行二维码”两种方式。

在京张高铁开通之前，我和老友来了一场说走就走的旅行。

S2 线列车盘旋于燕山峰谷间，沿着老京张铁路的路径蜿蜒前行，车轮驶进创造历史的奇崛画卷，笛声书写气壮山河的恢宏诗篇。古色古香的青龙桥车站、令人惊叹的“人”字形铁道线、雄伟壮观的八达岭长城、山势险要的居庸关……一个个摄人心魄的壮美风景迎面而来，给我难以述说的视觉冲击与心灵震撼。

这时有人开始戏说，发生在侏罗纪和白垩纪的燕山造山运动，就如同上苍的恶作剧，让平整的地壳表面骤然发生褶皱、隆起山脉，而地球上绝大多数山脉都是由造山运动形成的，不过是大自然与人类开了个大玩笑。

我想说这个大玩笑非同小可。不仅是给人类，也给世间其他动物带来了行为不便，同样也给予了万类霜天竞自由的舞台；有了进攻的障碍，同时就有了防御的壁垒；有了峭立的山峰，同时就有了奇崛的风景。

詹天佑先生致力于京张铁路建设，让火车铿锵翻越了崇山峻岭，从而成就了不平凡的人生。

宋代刘过《登白云绝顶》诗云：“欲穷大地三千界，须上高峰八百盘。”古人想象力再超凡，也无法提着自己的头发飞离大地，八百盘的高峰已经绝顶，却依然被笼罩的白云遮望眼。当我们乘飞机翱翔高空俯瞰大地，发现楼宇、村舍皆小若积木，起伏的山峦恰似大地上凝固的波浪，高耸的绝顶仅仅是地表面上涌起的鼓包而已。

今天京张智能高铁的超凡脱俗，更加敢想敢干，就在于领导者、设计者、建设者们拥有了现代化的高眼界和大格局。

在今人看来，燕山山脉真是一方天赐的巨大赏石，京张铁路宛如山间流动的风景。沿路的每一块岩石都是古老写实的，途经的每一棵树木花草都是现代写意的。那些生活在高楼大厦与世俗桎梏中的人们，一经乘上这趟舒心列车，就如同打开了幸福快乐的模式。

此时此刻，千岩竞秀，水木明瑟。只要我们的身心穿梭徜徉于大自然间，我们就是风景中的风景，我们就是画卷中的画卷，我们就是诗篇中的诗篇，我们就是梦境中的梦境。

记得多少次我们曾在梦境中奔跑，追逐梦中的火车，又乘上火车去追梦。

醒来时，发现最初的梦想仍在始发的月台上等待。

忘不了很小的时候，我们看见多足虫一样的火车在眼前奔跑，就惊诧于天地间这一非同寻常的神奇造化。望着它威力无比地呼啸而来，连路旁的荆棘都知道向两边儿躲闪；望着它像巨人的手掌握在一起的车钩儿，连接起一长串儿能载人的房子；望着它一闪一闪的窗口，依次印着梦幻般的人影儿。我们常常忘我地张着嘴巴，一直目送心仪的列车消失在视野里。

当有一天坐进奔跑的车厢里，我们总希望坐在靠窗的位置，目光贪婪地阅览着外边的世界，看窗外依次向后倒退的山川河流、高楼农舍、树木庄稼、人和牛羊……渐渐地，由兴致盎然到熟视无睹，我们的目光不再享受旅行的过程，而是直接盯向旅行的目的地。

追梦的火车一直在我们的梦中飞翔……

这是我和老友坐在S2线列车上的相互倾诉，或许算是人生感悟。我们有同感，只要梦想开花儿，桑榆不晚，生命里永远都有盛花期。

眼下正是人间四月天，八达岭上大片的杏花开了。

我们乘坐的“长城号”S2线列车，当下采用的是内燃机驱动，地势平坦时速只有160公里，进入大山腹地时速降为45公里，比起别地儿的“和谐号”，速度显然慢了许多。车上却没人抱怨，都说，正因如此才特别适合赏景观花呢。

其实，这原本是一趟连接城郊的通勤车，因了沿途的山光水色和无边花海，而成了赏花专列。

有人大声说，等列车驶出南口站，景色就会变得丰富多彩。果不其然，列车由此渐入佳境，杨柳、桃花、杏花，夹杂着不知名的野花儿，透过玻璃车窗一一闪现。当列车驶近居庸关时，只见远山上有大片大片的粉色花浪翻卷，雄伟的长城就隐现于繁

长城之下花浪之中的京张铁路青龙桥车站。

摄影 / 王明柱

花点缀的峰峦间，靠近轨道的两旁，还能清晰分辨出杏花丛中的樱花。随着列车在山间盘旋，隧道与杏花交替呈现，大家都凑在车窗旁边，车厢里的人们不时大呼小叫，发出由衷赞叹。

沿途美景尽收眼底，诗情画意纷至沓来。

“春物竞相妒，杏花应最娇。红轻欲愁杀，粉薄似啼销。愿作南华蝶，翩翩绕此条。”这是唐代诗人吴融描写杏花的诗句，我之所以喜欢吟咏此篇，是因为他把我的“愿”入诗了。

随之而来的是，一组组S2线列车畅游于花海的美图在网上迅速蹿红。S2线列车被众多网友统称为“开往春天的列车”。

我倒是觉得这样的称呼虽好，而对于S2线列车来说未免有失偏颇。穿越四季的列车，驶过春夏秋冬，应该说各季有各季不同的好景致。譬如冬天，虽是北方的萧瑟季节，可每当北京大雪降临，这趟“开往春天的列车”转眼之间便成了“开往雪国的列车”。

北京的冬天，下雪如搓绵扯絮一般，“燕山雪片大如席，片片吹落轩辕台”。置身大气磅礴的晶莹世界，面对玉树琼花的北国之美，仅是一眼就被强烈震撼了。

大地如画卷留白，相信谁都会触景生情，一时间感慨于北国飘落的大雪具有覆盖大地一统江山的伟力。不免要随口吟诵伟人毛泽东的《沁园春·雪》：“北国风光，千里冰封，万里雪飘。望长城内外，惟余莽莽……”

如今，京张高铁就成了名副其实的“开往雪国的列车”。这条通往冬奥会比赛场地太子城的高铁线路，使人们到崇礼滑雪旅游更加便利快捷。冰雪天地的浪漫之旅，圆了多少人的梦中童话。

如此推论下去，S2线列车还可以是“开往夏天的列车”或“开往秋天的列车”，而火热的盛夏与丰硕的金秋，也会分别给人以美好的憧憬和期许。

所以我想说，S2线列车早已挣脱自然季节的局限，走向了更加广阔美妙的心灵境地，应称得上是“开往仙境的列车”。

列车驶进大山，人的身心就投入了大山的怀抱。所谓“山中方一日，世上已千年”是说一个樵夫进山砍柴，遇见两个童子对弈，观棋忘了时间，等他挑柴回家，发现家人早已离世千年。

这无疑是一个误入仙境的故事，同时也发人深省：为什么一个立人和一个山字并在一起，就构成了一个“仙”字呢？这是否说大山里的时光犹如神仙时光？神仙的生活就是慢生活？

平时我们心累的时候，会约上一二知己去爬爬山，疲惫的是肉体，轻松的是心情，放飞的是心性。我多少次在旅途中被古老典雅的青龙桥车站吸引，总想到那个被爬山虎隆重装点的隧道口去拍照。更想像一只粉蝶儿那样绕花丛飞舞，将身心融入“十里杏花烂漫，千顷花海飘香”的美好意境。

坐落在大山里的青龙桥车站，就站在“人”字形线路顶端守望了百余年，当时京张铁路上的列车，都要在此仪式般“车尾变车头”，以退为进，继续前行。

青龙桥站名写于光绪戊申秋季，是1908年首任铁路大臣关宪钧所题。如今基本上保留着当年风貌，令慕名而来的人们常常慨叹，不知今夕是何年。

这是京张线上最文艺、最小资的小站。

老站台上不见了上下车的旅客，但是这里有别处没有的风景，这里有别处没有的故事，这里有人在风景中演绎故事里的情节。那天我就邂逅了几位男女青年，他们全都是大学生打扮，尽情在老站台上表演当年恋人的“分手戏”和“重逢戏”。他们牵手拥抱、嬉笑打闹、翘首眺望……时光仿佛回溯到过去，蓦然回首时，发现心上人还等在站台上期盼。

多亏了京张铁路的老车站还在，约请我们如此真切地走近历史、亲

长城号动车驶过青龙桥车站。摄影 / 王明柱

近历史、重温历史、反思历史、借鉴历史。

记忆中的老车站不会被人遗忘。当京张高铁飞驰而过时，我们会想起老站台上值得怀念的往事儿，我们会怀念老站台上守望过的时光。

一位家住延庆的朋友说，京张高铁建成后，大大缩短了北京城区至延庆、昌平等远郊区的通勤时间，由北京北站至延庆20分钟到家，真好！方便快捷自不待言，可总想着有空闲的时候，还有像S2线这样的列车可供选择，欣赏下匆忙中来不及欣赏的美景。

令人欣慰的是，京张高铁开通运营后，S2线的列车和功能都不会受到大影响。到了金秋十月，漫山的黄栌、元宝枫等彩叶树种相继变换色彩，是八达岭上最佳观赏期，游客届时可欣赏到长城蜿蜒于多彩群山间的壮美景观。

年年有四季，轮回皆如画。那一列列驶过的列车，那满目烂漫的山花，竞相为百年京张铁路代言，纷纷为智能京张高铁喝彩。

欣慰吗？老京张铁路还在，还在老地方等你。

说好了的，不见不散。

詹公天佑，心灵交汇的眼神

1909 1910 1911 1912 1913 1914 1915 1916 1917 1918 …… 2010 2011 2012 2013 2014 2015 2016 2017 2018 2019

我们在七月里出发，这是个收获与播种并重的季节。我分明感到七月如歌的季风，在麦浪起伏的原野传递着信仰和馨香……

汽车从清华园驶出，过昌平，向着八达岭方向奔跑。我在行驶途中能清晰看到，在建的京张高铁呈现出骨架隆起的声屏障雏形，更有整齐排列的巨大桥墩，犹如壮士的仪仗绵延向前，柱体上鲜红的标语夺人目光、鼓舞人心：“秉承天佑精神，再筑京张辉煌！”

京张铁路名声籍甚，是中国人引以自豪的一条“名路”。

在京张铁路的青龙桥车站，矗立着一尊全身站立的詹天佑铜像，铜像背靠雄伟的万里长城，面对巍峨的崇山峻岭，眺望的目光注视着“人”字形铁路伸向远方。

话起詹天佑，就要提到革新思想家、教育家容闳，是他条陈清政府选派幼童留洋，以求引进西学，革新社会。可谓造就人才，功不可没。

詹天佑正是首批出国留学的幼童。如今提到“官费留学”认为是件荣幸的事情，而百多年前却不尽然。当时历史背景下，出洋遥远的美国如同探险，把自家孩子送去更是担惊受怕，所以选派的留洋幼童中没有一名“八旗子弟”。

据说詹天佑自幼聪慧，不喜四书五经，醉心摆弄机械装置，天生就是学工科的苗子。他在国外见火车奔驰，心总有不甘：“我国岂智力不若欧美，而史蒂芬逊之流，何不能产生于中国耶？”

当时中华大地上虽有铁路交错，但基本都是洋人的作品。不难想象，1905 年詹天佑被任命为京张铁路的总工程师，心中该是怎样百感交集。

少小离家，异国他乡，多少酸甜苦辣无处倾诉，唯有将生命化为匍匐在中华大地的钢轨……今天，我们触及百年京张铁路，仿佛仍能感受到那怦怦跳动的心声……

人在遐想，汽车已驶入燕山峰谷间，一侧是山岩石壁，一侧是峡谷沟壑。视野在盘旋中时时受限，时而面向绝壁，时而一线天空，时而豁然开朗。时隐时现于大山的铁路、公路及羊肠山路都关乎公众的福祉和权益，令人对“天无私覆，地无私载”有了最深解读。

“青山不墨千秋画，绿水无弦万古琴。”举首翠峰幔幕，低头溪流淙淙。我在如画如乐的意境里，沿着京张高铁的路径，悄然走近了百年京张铁路，走近了先驱詹公天佑……

一条铁路与一个人的传奇

百年铁路在这里汇入时代壮歌。以一条高铁建设的新闻为引线，京张铁路从历史的深处蜿蜒而来，再次成为热门话题。

我多年的邻居侯老伯关心国家大事，他每天收听新闻播报，下楼散步遛弯儿也不忘兜里揣上个小收音机，边走边听，逢人就聊。

那天我俩一碰面儿，他就问我听见新闻广播了吗，北京到张家口的高铁开始铺轨啦！他说他年轻那会儿坐过这趟火车，“哐当哐当”好几个钟头绕山里转悠，且绕不出去呢。听说这高铁一开通啊，从北京到张家口用不了一个钟头儿，50 分钟就到，可真叫一个快！

随后，他自个儿嘀咕说：“也不知道詹天佑修的那个‘人’字的铁道还能用得上吗？”又随口赞叹道，“当年能修成这条铁路，詹天佑可真是了不起啊，了不起！”

在中国，说起詹天佑与京张铁路，以及由他设计的“人”字形铁路，可谓家喻户晓，妇孺皆知，堪称一段历史传奇。

在中国，由一条路而怀想一个人，也只能是京张铁路和詹天佑了。

青龙桥车站的詹天佑像。摄影 / 原瑞伦

这就是铁路书写的历史，创造历史的人之所以被铭记，是因为他在历史记忆之中永生。

詹天佑无疑是我国铁路事业的开拓者，是中国近代科技事业发展的实践者。他因主持修建第一条由中国自主出资、并完全由自己设计建造的京张铁路而被国人津津乐道，素有“中国铁路之父”的美誉。

不久前，我乘坐北京市郊铁路 S2 线列车外出游览，在青龙桥站临时停车时，把凝视的目光再次投向那座庄重的铜像和肃穆的碑亭。这是 1922 年为纪念詹天佑所设立，一直保留至今。2013 年 5 月，京张铁路南口至八达岭段被定为全国重点文物保护单位，其中就包括这处珍贵遗迹。

令人唏嘘的是，徐世昌曾亲自为詹天佑治丧，指示“其灵柩南下返乡安葬期间，沿途军警妥为照料”。詹天佑家人因念其生前说过“梦魂所寄，终不忘京张”，又曾表示愿终老北京，遂移灵北上，1921 年将其灵柩安葬于北京海淀万泉庄。1926 年，詹天佑的夫人谭菊珍逝世，与詹天佑合葬。

1982 年 5 月 20 日，铁道部和北京铁路局及中国铁道学会等部门将詹天佑夫妇的坟墓迁葬于詹天佑铜像后，并举行了隆重的迁葬仪式。

中国铁路人继往开来，不薄今人，厚待前辈，令人感佩至深。

最近，我来到京张高铁建设工地采访，有机会到此专程拜谒。我看到许多游客在此驻足瞻仰。或站在詹天佑先生的铜像前鞠躬致意，或献上随身携带的瓜果，或献上随手采撷的山花儿，纷纷表达敬仰之情。

我默默仰视着詹天佑铜像，眼前仿佛浮现出他大手笔设计的铁道线，钢铁的笔画，一撇一捺，在燕山峰谷间铺展开“人”字形的宏伟意象。大写的“人”字，大写的詹天佑啊，您是第一个把“人”写在神州山川的人。

这是一座穿越世纪硝烟的铜像。有人在旁提示我，若抬头仔细瞅瞅，能瞅到铜像的腋窝处有两处弹孔，那是侵华日军留下的。据说日寇在夜间进攻青龙桥站时，将铜像误认为站岗哨兵而开枪射击。大半个世纪过去，侵略者总想掩饰侵略罪行，而弹孔仍留在铜像上，为铁一般的历史作证。

詹天佑铜像底座上镌刻有“詹公天佑之象”字样，又听几个大学生模样的青年在此指点文字。有人提出为啥写“象”而不写“像”呢？相互间展开一番“象”与“像”之争。或是当年“象”与“像”通用吧，或是这个“象”更接近詹天佑的真形象吧！

张家口南站、北京交大、兰州交大等多地都有詹天佑先生的雕像，材质有所不同，形象也均有所不同。今闻在詹公祖籍的婺源车站广场，又耸立起一座詹天佑雕像，气势非凡，形象高大。而青龙桥站这座早年的铜像，没做过多修饰，更没有艺术的夸张，我想应该是最难得的先生真容吧！

在青龙桥站台北侧，基座上站立的詹天佑先生中等个子，身材微胖，身着西洋礼服，右手插进口袋，左手下垂，手中捏着一副手套，两眼直视前方，目光坚毅有神，仿佛一直眺望着由他自己设计建造的这条“人”字形线路。

这是一个目光交织的“人”字。

这是一种渴望心灵交汇的眼神。

他舞动山河的创意，一如飞翔天际的羽翼，渴望风驰大地的闪电；他纵横千里的设想，一如撒向疆域的颗颗珍珠儿，渴望有连缀成串的金丝银线；他一生未竟的夙愿，一如夏花般绚烂，渴望收获秋天的橙色和饱满。

当他看到如今的京张高铁穿山越涧飞驰而过，中国的铁路如此迅猛发展，高铁技术和里程已在全球领先……詹公应该感到欣慰，足可含笑九泉了。

在场的许多人都和我同感，仿佛骤然间，耳畔唱响了那首情怀如初的歌：“洋装虽然穿在身，我心依然是中国心，我的祖先早已把我的一切，烙上中国印。长江、长城、黄山、黄河，在我心中重千斤……”

当历史再次呈现1881年的景象，海外留洋的詹天佑，满腔报国之志，一颗赤子之心，身穿洋装学成归来。面对外国人的讥讽和藐视，他傲然地说：“各出所学，各尽所知，使国家富强不受外侮，足以自立于地球之上！”

矢志不渝，初心不变。

150多年前，就在詹天佑诞生的那个仲春时节，同时也萌发了中国铁路一株饱含希冀的春芽儿。当初或许谁也未曾料到，由这枚破土的春芽儿生长出的钢铁枝蔓儿，以血脉的传承在古老的神州沃土纵横延伸，繁衍了今日中华大地上如此四通八达的高铁路网。

或许，一条路与一个人书写的传奇，就是为今日中国京张高铁新传奇埋下的伏笔。

早在1872年，年仅12岁的詹天佑以自己的聪慧考取了清政府筹办的“幼童出洋预习班”。清政府不愿承担意外责任，詹天佑的父亲只能在写有“倘有疾病生死，各安天命”的出洋志愿书上签字画押。一个年幼懵懂的孩子、一个终年劳碌的父亲和一个晚景衰落的王朝，实属一个传奇般的组合。

从那时起，詹天佑辞别父母，少小离家，和一群脑后拖着长辫子、身穿长袍马褂的少年，从上海港口登上一艘西行轮船，“乘桴浮于海”，踏上了一条长达9年的西方求学之路。

在开往太平洋彼岸的轮船上，连续28天的海上风浪颠簸，为漫长的旅程平添了些许悲壮况味。詹天佑以幼小单薄之躯早早背负起了留学报国的重大使命，以优异成绩考入耶鲁大学土木工程系，有幸专攻铁路工程，并在毕业考试中名列第一。当年120名回国留学生中，获得学位的仅有两人，詹天佑就是其一。

这是一个少年求学励志的传奇。

NDJ

青龙桥车站的詹天佑像注视着长城号。摄影 / 王明柱

詹天佑学成回国后，满腔热忱地渴望把所学用于修筑铁路。而清政府洋务派官员在铁路建设上一味依赖洋人，竟然废弃詹天佑的专长，愣是把一个铁路工程师差遣到福建水师担任旗舰驾驶官。1883 年中法战争爆发，当法国舰队发起突然袭击时，詹天佑一改旧时书生的孱弱形象，冒着猛烈炮火，沉着机智操作着战舰左来右往，避开敌方火力，抓住战机，用尾炮击中了法国指挥舰“伏尔他”号，致使法国海军远征司令险些丧命。兵舰上的五个留学生，以詹天佑表现最为勇敢。

这又是一个青年坎坷成长的传奇。

詹天佑的际遇和作为，谱写了他人生的华彩。正如他所言：“工学之前途，发达可期。实业之振兴，翘足以俟。”1888 年，被湮没了七年之久的詹天佑有机会到中国铁路公司履职，先是修建天津至唐山铁路，后又大胆采用“压气沉箱法”进行桥墩的施工，战胜英国、法国和日本的洋专家，破解诸多技术难题，成功建成滦河铁路大桥。随后詹天佑主持建成了著名的京张铁路，使整个工程提前两年完成，节约经费约白银 29 万两。他独具匠心运用“折返线”原理，在山多坡陡的青龙桥地段设计了一段“人”字形线路，为中国百年铁路史册留下了颇为传神的点睛之笔。

这就是一个人和一条铁路的传奇。

这条传奇铁路还将继续传奇下去。

一条铁路与一个民族的精神

在八达岭景区，一个个路标指引着行进的方向。

沿着路标举目张望，坐落在长城内侧青龙桥站的詹天佑铜像，与位于京张铁路八达岭隧道上方的詹天佑纪念馆遥遥相对。整个纪念馆依山势而建，造型简朴。游人踊跃到此参观学习，继承先贤遗志。

如今，在詹天佑纪念馆的一块展牌上，依次排列出京张铁路修建之前铺设在中国的 16 条铁道线，工程师全部由外国人担任。其中英国工程师克劳德·威廉·金达主持了 7 条之多。

1905 年 5 月 8 日，当詹天佑由天津前往北京着手京张铁路建设时，时任关内外铁路总工程师的金达也于同日由唐山赶到北京。

中国近代铁路史上举足轻重的两位人物，彼此心照不宣，在同一天出发，奔向同一个地点。金达准备在游猎途中勘察南口镇一带的山区，选出一条铁路线路。而詹天佑的北京之行也是为京张铁路选线。

在具有某种象征意义的居庸关上，44 岁的詹天佑与 53 岁的金达不期而遇。两人并不陌生，自 1888 年起，詹天佑就开始在金达主持的铁路工

京张铁路建设时期，詹天佑与其他工程技术人员在验道专用车前合影。

程中工作。尤其在修建津榆铁路滦河大桥时，詹天佑更是充分展露了惊人的才华。

如今，我们仍能从詹天佑日记的字里行间，详细了解到二人之间的思想交锋和观念碰撞。最后的结果是，从此金达的身影逐渐淡出中国的铁路史。

1909年，京张铁路建成开通之时，金达告别他曾活跃了32年的中国铁路，有些神情落寞地返回了英国。京张铁路上奔跑的火车一声长鸣，宣告金达等外国工程师在华铁路称霸时代终结。

詹天佑光辉壮丽的人生旅程，就是一条无限延伸的铁道线，就是一列永远没有终点的列车，承载着他在中国近代铁路建设史上的光荣和梦想。在詹天佑纪念馆，我们不但可以了解詹天佑光辉的一生，还可以从一个侧面了解我国早期铁路建

京张铁路南口机车厂。

设的概况、技术及其发展进程，从而激励我们传承和发扬詹天佑精神。

近水楼台。最先被詹天佑精神感召的是京张高铁建设的第三标段。他们的施工场地就在京张铁路经典区段，是著名的八达岭风景区。

“在百年青龙桥车站詹天佑雕像脚下修高铁，每天都有一种神圣感，感觉他的目光时刻都在注视着我们。如果工程竣工后，不能捧回中国建设工程鲁班奖、中国土木工程詹天佑奖，真是愧对铁路建设的鼻祖詹天佑老先生！”中铁五局副总经理、京张高铁项目部指挥长陈彬语重心长，每次生产会上他都会这样反复告诫全体参建员工。

工程实施中，动辄要拿“鲁班奖”和“詹天佑奖”，有人质疑自定标准是否过高。

古语云："取法于上，仅得为中，取法于中，故为其下。"高标准严格要求自己完全必要。关键是要"取法于上"将工程做得无愧无悔。

从进场的第一天起，大家环顾四周崇山峻岭，望见隐掩在树木花草间的八达岭长城、青龙桥车站、"人"字形道岔、詹天佑纪念馆、铜像……身临其境，触动于心，肩负使命的神圣感便油然而生。

这是一种压力，也是一种动力。

这是一种鼓舞，也是一种鞭策。

京张高铁三标段项目部党工委书记贾友文对我说："从我们中标的那一天起，整个团队就暗下决心，就是要全力以赴打造优质工程，争创'鲁班奖'和'詹天佑奖'。"

"没说的，干工程的就是实打实。""撸起袖子，加油干！"大伙儿心里都憋着一股劲儿。

队伍进场伊始，项目部就明确了最终目标，制定了技术交底制、工序报检制、测量复核制等技术管理制度，对工程质量层层把关。项目部要求技术人员深入施工现场，善于观察工作细节，找出质量问题，督促现场整改。通过对工程质量的过程控制及质量措施的实施，提高工程的整体质量，为每月质量评比争第一提供有力保证。

为使质量全面创优，项目部建立梯度递进的激励机制，大力开展以质量安全为核心的劳动竞赛，认真落实中国国铁集团"精品工程，智能高铁"的施工要求，围绕一个"精"字，按照"机械化、信息化、工厂化、专业化"的建设需要，建立钢结构加工厂和混凝土拌和站，采用专业化施工作业队，重点配置了阿特拉斯全电脑三臂凿岩台车、三臂拱架安装台车等机械化配套设备，在保障安全的基础上，提升工程进展速度，实现了内实外美的工程质量目标。

其实，这些准备工作都是施工前的正常程序，有条不紊按部就班实施就是了。但这一次不一样，因为这是在修京张高铁，而且是修京张高铁的“精工版”。

一丝一毫马虎不得，一分一秒懈怠不得。

尽管中铁五局是铁路建设大军中的一支劲旅，在全国各地乃至国外承建的长大高风险隧道数不胜数。可是这项工程与以往大不同，需要在这座八达岭隧道的腹部暗挖一座最深的高铁车站——八达岭长城站。

想想就叫人豪气冲天！在蜿蜒起伏的八达岭长城下面挖洞建屋非同小可，头顶上满山遍野的古迹文物都是不可移动和复制的宝贵遗产，不敢发生任何差池和失误。

有人就表示担心，难免发生“万一”呢。

八达岭长城站正在紧张施工中。
摄影 / 原瑞伦

万分之一也不行，必须保证万无一失。

晚饭后，贾友文和我聊天，他说，工程人四海为家，就说他自己吧，先是在韶关买房安家，十年时间总共在家住了不足三个月，后搬家到贵阳，又是十年时间，掐指一算还是住了不到三个月……以梦为马，随处可栖。这种情况在项目部并不是个别现象。所以说，员工思想活跃，再加上工程标准高，工作压力大，我们的党建工作必须跟上，首先要有针对性地经常性地做好人的工作，强化正确的思想引导和言行规范。

项目部党工委坚持“融入中心做工作，党建创新促生产”工作思路，努力把党组织的政治优势、思想优势和组织优势转化为促进施工生产的强大动力。建立了“1+X+N”的党建工作管理体系。“1”即指导意见，“X”即实施细则和制度文件，“N”即工作指南。同时，项目部创新运用“党建 + 互联网”模式，开发手机客户端党建 App，有力促进了各项工作又好又快发展。

就在不久前，中铁五局京张高铁三标段项目部作为中央企业第一批“基层示范党支部”，荣获“中央企业先进集体”荣誉称号。所有这些党建工作，也是整个工程的上层建筑，旨在提高员工思想觉悟，升华员工精神境界。

詹天佑精神启示着今天，凡是人所能从事的工作，在具备了相应的资质之后，千万不可小觑精神的力量。

当年詹天佑主持修建京张铁路时说过：“世事至棼也，然衡其究竟，败于易而成于难。若因其难而畏之，则事之抵于成者卒鲜。”在所有员工心目中，詹天佑与京张铁路就是一种精神图腾。

以“京张高铁党旗红，筑梦路上争先锋”为目标，努力把党组织的政治优势、思想优势、组织优势转化为施工生产的强大动力。不仅仅是在八达岭长城站隧道工地，在整个京张高铁的沿线标段都是如此。

他们用实际言行生动阐明：京张高铁是对中国铁路开路者詹天佑精

神的一个传承。新建京张高铁绝不是对老京张铁路的否定，而是一种致敬、一种交流、一种升华。

所以呀，当他们面对目前国内“四最”挑战时，他们会扪心自问，怀想一百多年前的詹天佑等前辈，在那个积贫积弱、技术落后的旧中国，他们是怎样迎接挑战呢？

詹天佑所诠释的，不正是伟大的民族精神吗？

时光回溯至1905年初，那是个阴云密布的天空。不妨揣摩一下，詹天佑担任总工程师，受命勘测并修建京张铁路，彼时该是怎样的心情？

历史的大背景竟然如此令人愤懑难堪。当时的英俄两国因争夺京张铁路的筑路权而相持不下，甚至商定如果全由中国人自主修建，双方都愿自动放弃。其实这只是一种欲擒故纵之策，因为他们压根儿就不相信中国人能够自主建成。

面对外国列强对峙态势，清政府忌讳引起外交纠纷，最后决定自主建造，对外宣布：“此路关系重要，应由国家自行筹款兴筑。”并声明此路“作为中国筹款自造之路，亦不用洋工程师经理，自与他国不相干涉”。

在外国列强眼中，京张铁路山高水险修筑谈何容易！原本就有坐看中国笑话之意，单等清廷走投无路时求助于他们。一听说中国人真要自主建造，他们又极尽讥讽、挖苦之能事，竟然说：“中国造此路之工程师尚未诞生！”

外国人这样说，有些中国人也不自信，“议者窃以谓吾国人未有当此任者”。这时候任直隶总督兼督办关内外铁路大臣的袁世凯从中斡旋举荐，詹天佑挺身而出，毅然决然担当此任。

这是知耻而后勇，“君益冥心孤往，不以无助而少弛其志”。他在给美国友人、小学母校教师诺索布夫人的信中说：“好像我成了中国最佳的工程师，因此全体中国人和外国人都密切注视着我的工作。如果我失败，不仅是我个人的不幸，也是全体中国工程师和所有中国人的不幸。因为那样一来，中国的工程师们，将不会再被人们信赖。”

詹天佑心里明白，若不能建成此路，必将“贻笑于邻国”。他坚持认为“中国地大物博，而于一路之工，必须借重外人，我以为耻”。

这就是中华民族力行坚毅、自强自立的精神。

从北京到张家口，一路可谓山高水深，千难万险。正如著之于碑的文字所述：“冈峦重叠，溪涧纷歧，地险而工艰，出居庸关则八达岭横蔽于前，其上为古长城，峭壁百寻，惊心怵目。”

八达岭长城站正在紧张施工中。

摄影 / 原瑞伦

资金、人才、技术、设备……詹天佑需要筹备好这一切。这是一场无声的较量。他在致友人的书信中，一次又一次地提到计划开凿的山洞。他写道："这条铁路约有 125 英里长，有三座山洞，最长的有四分之三英里长，这是第一次纯粹由中国工程师修筑的铁路，我希望我们能取得成功。"

但是，詹天佑面对的不仅是工程之艰难，还有陈腐的观念和诋毁的谣言。八达岭山洞正在开凿中，某家报纸上却刊文报道，说有百余人在山洞内丧生。当时已调任粤汉铁路总工程师的邝景阳给詹天佑写信提及此事。詹天佑在回信中表达了他的愤然和不屑："我非常遗憾，你居然相信报纸上的谣言！"他写道："并无此事，这完全是谣言，只是未衬砌的部分有坍落现象，但不关重要，而且没有一个人受伤。"

詹天佑迎难而上，在勘测京张铁路时，他亲自带队，背着标杆、经纬仪等器材，"昼则茧足登山，夜则绘图计工，无一息之安……"。据史料记载，当年詹天佑的坐骑是一头骡子，他两名助手则各骑一头毛驴。

在十分简陋的施工条件下，詹天佑运用了"中开竖井"的施工方法，增加工作面，加快了施工进度；在 1 091 米长的八达岭隧道和 367 米长的居庸关隧道开凿施工中，首次使用爆炸力强且安全性稳定的新型炸药；并在全路各桥的桥墩混凝土中掺加片石，以节省水泥……实现了多快好省的总体目标。

这就是中华民族知难而进、勇于开拓的精神。

詹天佑除接受了修建四条铁路的邀请外，还满怀热望策划修筑广州至汉口的粤汉铁路，构想实现与京汉铁路连成一体，贯通中国南北的大动脉。可以说当时中国的每一条铁路，几乎都和詹天佑有或多或少的联系，或者说詹天佑本身就是中国铁路的象征。

无法想象在 1919 年的那个严冬，詹天佑抱病代表中国政府出席远东铁路国际会议，是怎样与企图霸占我国中东铁路的日方代表唇枪舌箭，取得我国保护中东铁路的合法权利。

痛惜天不假年，詹天佑先生积劳成疾，仅仅活到59岁，还未到今天退休的年龄。他的业绩永垂不朽，他的精神永不退休。当他最后一次登上蜿蜒起伏的万里长城时，虽有壮志未酬之憾，亦慷心灵慰藉之慨，禁不住由衷感叹："生命有长短，命运有沉升，初建路网的梦想破灭令我抱恨终天，所幸我的生命能化成匍匐在中华大地上的一根铁轨……"

这就是中华民族甘于奉献、勇于担当的精神。

站在八达岭长城站环顾，大海般蔚蓝的天幕上，形如马群般的云团在奔腾；工地上彩旗招展，猎猎迎风；建设者的身影，执着、笃定、多姿而生动。

望尽天涯芳草路，每一条钢轨辐射四面八方，犹如大地的掌纹儿交织纵横，高远的是志向的行程，厚重的是精神的留影。

一条铁路和一个时代的穿越

穿越是穿越时间和空间的简称。穿越并不仅限于回到过去，也可穿越到未来。

现代西方物理学和天文学理论的发展，为人类天马行空的想象力插上了腾飞的翅膀，已故科学家霍金曾力证穿梭时空是有可能的。

我们不免想象，假如詹公能穿越到今天，该是怎样的惊叹复惊叹啊！一定“当惊世界殊”吧！

京张高铁不就是一条穿越之路吗？一头连接着过去，一头连接着未来。

2019 年 8 月 23 日上午 11 时，八达岭滚天沟内，京张高铁八达岭长城站的施工现场彩旗招展，一片欢腾景象。随着最后一罐混凝土浇筑完成，八达岭长城站主体结构正式封顶。这标志着京张高铁全线站房主体结构全部完成，施工由主体结构建设阶段全面转向装饰装修、机电安装和信息工程施工阶段。

这是中铁五局项目部在八达岭隧道贯通后又一个崭新节点。地面站房充分体现了“尊重自然、形隐于山”的设计理念。这座用心血和汗水浇筑而成的华美建筑，与周边的山水景观融为一体，堪称新中国的一处盛世丽景。

工程项目领先，宣传功不可没。谢崇志是中铁五局一位主管宣传的干部，现派驻到京张高铁项目部负责宣传事宜，工作有声有色，内容丰富多彩。他本身就是一支笔杆子，平时撰写了大量文字稿件，在各大媒体上频频发表；由他组织编辑的文集《追梦》，实时记录了中铁五局京张高铁建设者的奋斗足迹，也为我的采访提供了生动翔实的一手资料。

京张铁路青龙桥站人字形铁路。

谢崇志的微信来了，他的微信我岂能不看？

我打开微信，不由地“哇”了一声：“我和我的祖国，一刻也不能分割，无论我走到哪里，都流出一首赞歌……”在新中国迎来70华诞之际，中铁五局80名员工身着“中铁蓝”工装，站在八达岭隧道或八达岭长城站广场，右手挥舞五星红旗，在小提琴和二胡的伴奏下，齐声高唱《我和我的祖国》。他们以真诚和深情的歌声表达着对祖国的热爱和祝福。他们把对祖国的爱，点点滴滴融入京张高铁建设的分分秒秒。

我瞬间被他们感动了。我想说，我们都是追梦人，我真想加入他们的团队之中！

我也曾站在八达岭的隧道前沉思，遥想当年的詹天佑也一定涉足这里。或许他不曾想过我们要在此穿山扩洞。要建一座与隧道一体的地下车站，对他来说大概是异想天开。

这是科技发展的局限，更是时代的局限。

20世纪70年代，我也曾有过多次乘火车去张家口的经历。拥挤嘈杂、空气污浊的车厢，极大消磨了我领略沿途美景的情致。甚至买不到有座车票，长时间站着乘车更是一种煎熬。只听火车“哐当哐当”地跑着，要在大山里绕着圈儿盘旋，无休止地绕来绕去，绕得人晕头转向，却久久绕不出大山。

后来，有机会听一位铁路专家讲解，才知道火车在大山里盘旋行驶，竟然绕出个铁路专业术语——展线。

铁路展线是一个舶来语，即展长的线路，减缓纵坡，是一种用于爬坡的铁路线路。在20世纪，因为中国国情和地理特点，曾频繁出现在铁路建设的技术文本中。展线正是铁道线的关键区段。

京张铁路青龙桥站的“人”字形铁路就是展线最基本、最简单的形式之一。“人”字形铁路铺展在燕山峰谷间，是詹天佑这位耶鲁大学土木工程专业毕业生学以致用，让这一技术首次在中国落地。

铁路展线多在深山峡谷中，它雄奇的身姿与周遭山水形成壮美的景致。列车如巨龙在山间盘旋而上，我们坐在车上，从车窗可以看到车尾和车头，而头顶或者脚下，或有另一列火车正缓缓驶来……许多国内电影的奇妙场景，就取镜于宝成铁路的著名的观音山展线。

我国最典型的展线要数内昆铁路的大关、彝良、昭通一段，线路绕山以 23.5‰的坡度盘旋，连续上坡 77 公里。从一层展线彝良站到第三层展线黄土坡站，直线距离只有 500 米，步行爬山只需 15 分钟，而火车则需两个车头牵引 20 多分钟。如果你在彝良站没有赶上车，步行爬山到黄土坡站，仍能赶上那趟列车。

铁路展线极其生动地展现了人的智慧和勇气，建设者用钢轨在天地间描绘出优美的曲径，引导着动画似的列车炫舞般翻越高山。但是，也不得不承认展线制约了列车的速度，也使旅程变得愈发漫长。当时别无选择，这是那个年代修建铁路应对大山的唯一方法。建设者多是出于对机车功率、隧道和桥梁工程难度，以及施工机械落后的无奈考量，不知留下了多少有心无力的遗憾和向往。

我想，一百多年前的詹天佑老先生，应该也深有体会吧。

改革开放以后，尤其近些年来，随着铁路大型掘进机械的研发、新的施工技术的普遍运用，制约列车速度的展线急剧消减，老的展线也在升级改造中被直接穿山越洞的长大隧道和桥梁所代替。譬如青藏铁路的新关角隧道，全长 32.6 公里，2014 年贯通后，列车通过时间由原来的 2 小时缩短为 20 分钟；同年贯通的兰渝铁路西秦岭隧道，全长 28.2 公里，使兰州至成都和重庆的行驶时间，分别由原来的 17.5 小时与 22 小时缩短为 7.5 小时与 6.5 小时；更值得一提的是，我们的京张高铁打通有 12.1 公里长的八达岭隧道，使得北京到张家口用时不超 1 小时，比从前的京张铁路缩短了约 3 个小时。

中国高铁飞驰在路上，可以听得见大山的深情，穿山的隧洞正张开喉咙呼唤；更能够看得见江河的盛情，跨水的桥梁正展开臂膀迎接。

当务之急，势在必行。弯道取直，大路朝天。让铁路展线尽快消逝，是高铁飞速发展的需要，是国力强盛的象征，标志着中国铁路建设进入了崭新时代。

据史料记载，战国时期李冰用炭火炙烤石头，再以冷水激石，使之爆裂，打通玉垒山，凿出一道山口，因其形状酷似瓶口，故取名“宝瓶口”。由此引西江水入东，完成了都江堰工程的第一步。

詹天佑时代，已有了钢钎、铁锤打眼，炸药爆破。当年詹天佑“拟由石佛寺向西北行，当凿洞六千余尺，其后乃改由东面斜行，就青龙桥施工辟峡，仅凿洞三千五百余尺耳”。就是说，在詹天佑精心勘测设计后，隧道长度比原规划缩短了近半。即使这样，两条相加长度不足 1 500 米的隧道，也是老京张铁路的巨大工程。

今天我们登高望远，发现新老京张铁路在军都山的居庸关至八达岭一带，两条线路基本是相伴而行。相对于老京张铁路依山势而行，以“人”字形展线委蛇应对，京张高铁则显然更加直截了当，径直打通了一条 12.01 千米长的新八达岭隧道，这是真正意义上的“逢山开路，遇水架桥”。

工程项目指挥长陈彬感慨道：“这是国力的综合体现。”建设者都是善于斩关夺隘的将士，他们有足够的智慧、勇气和实力向大山宣示：理直气壮的铁路从此拒绝盘山。

为了解决工程难题，项目部投袂而起，成立了科技攻关小组，仔细研讨施工工艺和方法，制定科学施工方案。在技术思路和措施上，采用预应力锚杆、预应力锚索、格栅网络及多层分组喷射混凝土共同组成的主动支护体系，形成了刚柔并济、多重防护的围岩自承载支护结构。

——大跨过渡段，提出“DFHZ 工法”，即“顶洞超前、分层下挖、预留核心、重点锁定”的 13 步新型开挖工法，实现超大断面隧道的安全快速施工。

居庸关隧道

高速综合检测列车通过居庸关隧道，进入新八达岭隧道。摄影 / 原瑞伦

——采用预应力锚杆技术，增强较弱岩层的稳定性，避免岩层出现离层或是错动现象；使用电子雷管减震爆破施工技术，将爆破震动的幅度和分贝降到最低，减少施工对山体的扰动，最大限度地保护长城。

——新材料和新设备运用，采用纳米喷射混凝土增强初期支护强度，运用高性能混凝土确保大跨过渡段浇筑质量；采用大断面变截面台车实现大跨过渡段 9 个断面的施工。

——信息技术方面，运用 BIM 技术、人车定位系统、智通交通指挥系统等技术，实现隧道多作业面施工管理的创新，为智能京张建设奠定了基础。

自从中国进入高铁时代，不断增长的长大隧道建设，呼唤着一场新的技术革命。20 世纪 80 年代开始，建设者陆续告别了铁锤、钢钎，使用手风钻作业，继而又用上了大型凿岩台车、大型盾构机等现代化机械设备。

高科技工艺的运用，以及机械化程度的提高，正是京张铁路建设的亮点。

工程项目部从隧道开挖、初支、防水、衬砌等 9 条生产线，配备了三臂凿岩台车、大型侧卸式装载机、多功能三臂拱架安装台车、混凝土喷射机械手、机械式挂板台车、整体液压式模板台车、自行式仰拱栈桥、自动喷淋养护小车、自行式水沟电缆槽模板台车等，全方位展现了隧道全机械化配套作业的现代模式。

在京张高铁的八达岭隧道、正盘台等长大隧道内，铁红色的大型三臂凿岩台车酷似冲锋在前的战车，戴有全套防护装备的操作工人威武雄壮，就像战士操作重型机关炮一样，喷射出旋风般的烈焰。伴随着机声喧嚣，水火交集，汗流浃背，热血沸腾，这情景犹如战火纷飞、硝烟弥漫的前沿阵地。

施工人员介绍说，与传统的人工钻爆相比，使用凿岩台车施工，在提高效率、减少用工、改善环境、控制超欠挖和施工安全等方面，均显现出现代化机械的绝对优势。

项目经理蒋思兴奋地说：“采用三臂凿岩台车，每个工作臂可在2分钟内自动完成5米深钻孔作业。隧道全断面开挖采用两台三臂凿岩台车，6名工人，每循环进尺4.2米，钻眼时间只需要2小时左右。以往的群钻法需要钻工22人，18把风钻，还需要4~5小时。对比之下，采用三臂凿岩台车施工加快了速度，降低了安全风险，提高功效40%。另外的优点是，人工钻爆孔径3.0厘米，台车钻爆孔径4.7厘米，孔深4.5米后填装炸药，爆破效果尤为显著。”

弹指之间，钢铁的巨无霸，攻坚克难，勇往直前，所向披靡。

6米、8米、9米、10米……时时递增单个隧道作业面日进尺数据；60米、80米、90米……刻刻刷新全标段隧道日进尺记录。

众所周知，中国“基建狂魔”称号由来已久，中国建筑工程质量和速度大受中外网民的盛赞。近年来，京张高铁建设中的宏伟工程又一次走红网络。

有自信就任性，有实力也任性。任性的铁路不再以盘旋和蜿蜒应对高山峡谷的艰难险阻。“敢叫山河让路”绝不是一句停留在口头上的豪言壮语，而是京张高铁在复兴路上精彩演绎的时代活剧。

走进京张高铁建设工地，视线所及之处，尽是一派旌旗猎猎、干劲冲天的鏖战场景。随之呈现的是，一个个桥墩如雨后春笋般拔地而起，一段段延伸的路基在群山间时隐时现，一座座隧道在掘进机巨大的轰鸣声中向前、向前、再向前……我能真切地听到隧洞上方粗大的通风管道呼呼有声，这是大山的呼吸吗？

就在这一刻，大山沉寂亿万斯年的记忆，被人类旋转的钻头瞬间激活。随着一声声爆炸的气浪，应该怎样释放胸中尘封已久的渴望或眷恋？一直向前推进的掌子面，不断迎接着石英岩、软弱围岩、断裂破碎带、透水，甚至岩爆等地质灾害的挑战。

在京张高铁建设工地，我再次听到“岩爆”这个极具张力的名词。他们说发生过，次数不多。发生过就意味着风险，说不定它就潜伏在我们身边。岩爆，也称冲击地压，它是一种岩体中聚积的弹性变形势能在一定条件下的突然猛烈释放，导致岩石爆裂并弹射出来。一想到周身的岩壁里，有可能在任何地方埋藏有可怕的炸点，不知何时突然爆炸开来，飞射的石头成为呼啸的弹片和子弹，委实叫人不寒而栗。

在惊心动魄的现场，每个人都可以获得不曾有过的震撼和灵感，仿佛在创世纪的幻影里，感觉一切都是拟人化的：筑路人匍匐为路，建桥者躬身为桥，每一条铁路都是生命的化身，每一项工程都是精神的雕像。

这时候，我望见一只苍鹰在头顶翱翔，它搏击风云的翅膀辟开寥廓天宇，俯视着连绵的燕山山脉，万里长城由东向西逶迤而来。内长城经居庸关、昌平，进怀来，入门头沟，由灵山到紫荆关；外长城经延庆进独石口，沿西北到张家口至嘉峪关，千山万壑间，可见古老的京张铁路盘绕隐现。

京张高铁穿越风月无边的山河，穿越时空，在新时代新征途的灿烂区间，再次与詹天佑先生邂逅。彼此的心灵交会在一起，彼此的眼神交会在一起。

大地侧耳，听清华园隧道遁地潜行

1909
1910
1911
1912
1913
1914
1915
1916
1917
1918
……
2010
2011
2012
2013
2014
2015
2016
2017
2018
2019

“景昃鸣禽集，水木湛清华”，如果追溯“清华”二字的由来，人们必然会想到东晋谢混《游西池》的诗句。至于细究“清华园”的来历，那已是后来清朝的事情了。

“西山苍苍，东海茫茫，吾校庄严，巍然中央。”清华校园，高等学府，学术殿堂，向来是莘莘学子向往的地方。古老、典雅、新颖的楼宇群落间，点缀着草坪、垂柳、池塘、荷花……此时此刻，校内一切如常。可有谁会看到或听到呢，仅在一墙之隔，一条巨龙般的大型盾构机正从地下潜行而过。

当一切准备就绪，随着一声口令：“开始！”地下始发井内，一台高约16米、长约150米、重约3 000吨的“天佑号”大型盾构机，正在地层下以强大的推动力向前环环潜行。只见巨型的刀盘匀速旋转，成片儿成卷儿的泥沙“噼里啪啦”飞旋着落入开挖仓的底部，经冲刷、经搅拌器搅拌，以及泥水循环泵，再经管道送至地面泥水分离场，进行沉淀或筛分处理。工序如此循环往复。随后推进的油缸每前进 1 环，智能系统自动进入管片拼装模式，精确无误，环环相扣，程序无懈可击，最终形成一条完整的庞大隧道。地面之上车水马龙，井然有序。路面之下机声轰鸣、巨龙遁行。您能够想象到吗？这是一种何等雄奇伟观的宏大情景啊！

这个时候，如果能够身临其境，定然给人恍然如梦的感觉。一个人行进在隧道外径 12.2 米、内径 11.1 米的巨大管道中，便有置身于时空隧道的错觉，仿佛瞬间超越了若干光年，一种洞穿与拔节之痛迎面而来，一种显赫与卑微之变擦肩而过。建设者始终追逐光芒的身影，奋力摇曳着掘进的意象，由近及远，从清晰至模糊；由远及近，从渺小至伟大。

这是在中铁十四局京张高铁清华园隧道工程的施工现场，被誉为中国高铁智能建造“第一隧”。

地下也有星辰大海

京张高铁清华园隧道作为全线控制性工程，是目前北京市最大直径的盾构隧道，也是全线唯一采用盾构法施工的隧道，更是单栋双线大直径盾构施工技术在北京入城高铁工程中的首次应用。

清华园隧道全长 6 020 米，隧道外径 12.2 米，内径 11.1 米，采用两台开挖直径为 12.64 米的泥水平衡盾构机施工。整个隧道与地铁 13 号线并行，穿越 10 号线、12 号线、15 号线 3 处地铁，7 处重要城市道路，88 条重要市政管线。即从学院南路南侧入地，依次穿越北三环、知春路、北四环、成府路、清华东路后，于五环内出地面，堪称目前国内首条穿越城市核心区域，地层最复杂、地面建筑物最多的高风险隧道。

项目部总工程师陈爽面对记者采访，侃侃而谈。他说："盾构施工能最大限度地减少对既有道路、管网、人行天桥、公交站台等基础设施的破坏，减少建筑拆迁和对市民、社区正常生活的干扰，还能够减少后期高铁运营对周边环境的噪声污染。"

清华园隧道建成之后，进入北京北站的列车将实现全部入地运行，从而消除了铁路平交道口，可以极大缓解学院南路、城府路、清华东路等 3 条市政道路交通拥堵问题，减轻交通压力，方便周边群众畅通出行。

建设者尽数实施地下盾构施工好处，旁观者只是闻听就怦然心动，并由此将目光深深探究下去，瞻望到无限扩展的广阔前景。匍匐于地下的隧道竟在路人不知不觉中延伸向前，依次穿过蛛网般的地下管线和地上鳞次栉比的建筑物，穿过车流不息的铁路、公路甚至水波荡漾的江河湖泊，且不影响上面行人和车船的自由活动。

显而易见，盾构施工与地面施工或开挖施工相比，无疑缩小了工期与施工范围，节省了时间与成本，减轻了噪声和扬尘，缓解了拥堵和抱怨，能省去多少烦恼与纷扰啊！

观摩京张高铁清华园隧道施工，所有人惊叹于现场的所见所闻，毫无例外地触发所思所想。不曾想闹市地层也是壮志凌云的跑道，也是拓展梦想的疆域。

当地面道路无处铺展时，人类翘首的目光瞄向高空，于是有了高架桥；当高空的道路无处架设之时，人类立体的思维转向地下，于是有了地下轨道。世界上最早的地铁英国的伦敦大都会地铁，在 1863 年建成，长度 6.5 公里，当时采用蒸汽机车牵引。今天仍不难想象，当年那个喷云吐雾的庞然大物，如何穿过一个半世纪前的地下隧道，将时间与空间扩容至今，直至铿锵驶进历史的博物馆。

行走在隧道里的建设者和照亮隧道的头灯。
摄影 / 原瑞伦

从此以后，伴随着社会现代化的发展进程，地铁迅速成了城市的宠儿。虽然说一座城市的位重，不仅仅把有无地铁作为衡量标准，一座城市的品质，也不仅仅以有无地铁来做评定，但世界城市专家早有论断，一座城市是否与现代文明接轨，不是看有多少在全国乃至全球排序第几的高楼大厦，首先要看的是城市公共交通状况如何。

地铁犹如一座城市密如蛛网的地下板块，就像城市一条条交织流动的街道，列车行若地下长龙，告别了堵车受阻之虞，一路环保绿色，一路快捷顺畅，通达城市的千家万户，连接城市的神经和血脉，逐渐形成

了一种独特的地铁文化。

我国开展盾构法施工的历史可以追溯到20世纪60年代初，而盾构机的使用则是始于90年代，应用范围也颇为局限。进入新世纪后，随着盾构机械和技术提升，各大中城市纷纷投入地铁建设。因其有效避免了城市地面建筑物的拆迁，基本消除了对地上交通的影响，盾构法施工深受设计者与决策者青睐，也因此受到普遍采用。

基于此，清华园隧道采用盾构法施工。此高铁非地铁，它绝不同于国内外直径6米左右的普通地铁，这无疑是城市轨道工程的“超大型版”。

优势背后随之而来的，是施工难度的递增，以及建设者面临的各种挑战和考验。在北京这样的大城市施工，不要说隧道之上的这些地铁线、建筑物要严防沉降，就是工地上的一块塑料盖布都必须压好扎牢，绝不能随风飘浮起来。建设者们日复一日地坚守，就体现在“工程施工不能停，工程质量随时检”的分分秒秒之中。

因为在城内施工，无论是政府和民众，均对盾构施工中沉降控制的要求高之又高。尤其并行的13号线岔道区对沉降要求必须控制在1毫米以内。为此，施工人员采用可视化透明施工技术，提前模拟施工工况，不断对比、修正施工参数；采用自动化监控量测，时刻掌握隧道和周边构筑物的实际变形情况，确保施工安全优质。

未雨绸缪，有备无患。早在工程伊始，根据前期勘探，他们就做了相应的对策预案。年轻的项目部副总工程师刘磊自信地说：“盾构掘进过程中将遇到长达2 400米的全断面卵石层，对刀具的磨损非常严重。”为此，他们采购了2台世界最先进的泥水平衡盾构机，具备常压换刀功能，足可应对砂卵石地层对刀具的磨损难题。

厉兵秣马，遁地潜行。义无反顾，勇往直前。不断开拓的前方，必定是一场苦战、硬仗。

我站立在施工现场，听他们讲述经历的艰难困苦、惊魂一刻，为他们掘进的每一步，都捏着一把汗，揪着一颗心。

这时，陪我到现场的项目部副经理高始军坦然一笑，他说："您尽管放心吧，我司威武，出师必胜。"他说他们公司是国内目前唯一的一家大盾构专业施工企业，主要承接直径 10 米以上的大盾构项目，先后承建了南京长江隧道、扬州瘦西湖隧道、武汉地铁长江隧道、芜湖长江隧道等超大直径和水下盾构隧道工程，曾荣获国家科技进步二等奖、鲁班奖、詹天佑大奖和国家质量金奖。

"天空和大海赋予人类无限向往，吸引着探索者上天入地……"事实正如他所言，开拓地下广阔空间，共创无限美好未来，深深的地层下，清华园隧道掘进的步伐从未停歇，前面的征途同样是星辰大海！

为高铁进城开拓新思路

“昨天电视节目看了吗？2019年‘中铁十四局闪耀央视’第一波圆满开播。”一时间，京张高铁清华园隧道项目部的微信圈内群友留言剧增。

为展现大国建设成就，零距离感受时代建设者的青春风采，中央电视台《相聚中国节·奋进！2019》元旦特别节目正式开播。

大屏幕上，来自京张高铁清华园隧道工地的高始军面对全国电视观众娓娓而谈，讲述他与盾构机的特殊情结，讲述他们在隧道施工过程克服的艰难险阻。他自豪地说：“目前，我们已经成功地把清华园隧道这块‘硬骨头’啃下来了，为中国高铁进城开辟了一个新思路。”

诚如斯言，高铁进城的确需要新思路。

现在的高铁站有不少建在城市的边缘地带，个别站点距离城区较远，除了部分城市有意扩展城市规模布局外，大多是考虑到高铁入城所涉及的土地征用、建筑物拆迁等一系列施工难题。

此前石家庄等个别城市有过高铁隧道入地穿城的记录，大多都采用明挖法、暗挖法或盖挖法施工，对地上建筑和交通均存在一定影响。像京张高铁清华园隧道这样进入主城区的大盾构施工尚属首例。

2017 年 11 月 6 日上午 11 时，中国铁路总公司（今中国国家铁路集团有限公司）工程管理中心副主任邹振华，北京铁路局集团有限公司副局长王长钊，京张公司总经理余泽西，中铁十四局集团公司党委书记、董事长张挺军等同时按下了启动球，清华园隧道“天佑号”盾构机开始掘进，这标志着北京至张家口高速铁路建设全面进入攻坚阶段。

壮行仪式庄严隆重，有关人等悉数到场。可谁也难以预料前行路上，等待他们的将有怎样的“绊脚石”“拦路虎”。

我在现场看到始发井内的盾构机高度足有 16 米，全长可达 150 米。站在我身旁的高始军说：“它在清华园隧道里开挖的断面，相当于常见地铁隧道的 4 倍，比 4 层楼还要高。”

为了纪念老京张高铁的设计者詹天佑，项目部特别把盾构机命名为“天佑号”。整机总长 142 米，重量 3 000 多吨，最大工作压力 8 个大气压力，盾构机装机容量 8 200 千伏安，配备重型刀具 226 把，具备常压换刀功能，其中常压可更换刀具 80 把。机体包括盾构壳体、刀盘、推进系统、刀盘驱动装置、渣土输送装置、管片拼装装置等部分，绝对是一个庞然大物。

我和身边的高始军探讨，该如何形容它呢？譬如“钢铁蚯蚓”“钢铁鼹鼠”……绞尽脑汁，凡是遁地潜行的物种都想到了，竟然想不出一个满意的形象来比喻这个“地下钢铁巨无霸”。我说我的家乡人都把“蚯蚓”称作“地龙”，就叫它“巨型钢铁地龙”如何？

“巨型钢铁地龙”似乎更能表达它的气势。

我甚至担忧如此庞然大物转场多有不便，高始军却乐呵呵地不以为然，并反问我说这是问题吗？我突然醒悟了，打开中国智慧宝库，就有“曹冲称象”的典故。逆向思维，其道理就如同把笨重的大象化整为零。

想到或许容易，做起来却不简单。如何将体积庞大笨重的盾构机拆解与组装，并且做到天衣无缝，恐怕也是个有技术含量的细致活儿。

高始军说，现代化施工过程贯穿着智能化的特质。比如施工智能包括机械施工、机械拼装过程等；比如生产智能包括管片、箱涵的工厂化生产、流水线作业等。

盾构机在始发前，由工作人员先将整个隧道轴线坐标输入 VMT 自动导向系统，盾构机便沿着导向系统指挥的线路前进。而盾构机前进的动力来自于 25 组液压千斤顶反向顶推。这些千斤顶分为 6 个分区，每个分区的千斤顶压力可调。压力大的区域千斤顶伸出速度快，该侧的盾构机则向

清华园隧道正在进行施工的前期准备工作。

摄影 / 原瑞伦

对侧偏转，从而实现盾构机与隧道的转向。推进过程中，每一环最大能够实现 44 毫米的偏转，最小转弯半径达到 800 米。

盾构机在实际推进过程中，并不能完美按照给定的轴线坐标前进，时刻都可能发生偏移。为保证盾构机与设计轴线最大程度的吻合，VMT 自动导向系统每 10 秒会重新计算和定位盾构机，实时显示隧道轴线与设计轴线偏差，以及偏移趋势，让操作手能够随时调整盾构姿态，确保沿着正确的路线前行。现有规范规定隧道轴线允许偏差为 ±120 毫米，施工中按照 ±50 毫米控制，实际掘进时轴线一般控制在 ±30 毫米内，精度远高于设计规范。

高始军说，接下来我们准备研究盾构机掘进方向全自动化控制、自动纠偏、智能机器人操控系统，届时可能会实现盾构隧道全自动化掘进。

高始军带我到他们京张项目部的监控中心观摩。宽大的屏幕上实时显示和变化着清华园隧道施工的图像和数字：盾构机的工作状态、当前环数、当前里数，以及到下一个风险源的距离数据……呀，瞧呀！离地上的快捷酒店不远喽！

高始军说，不仅是在这里，各级管理层只要打开电脑，登录 BIM 协同管理平台就能一目了然，随时随地跟踪检查工程的施工情况。全过程可视化监控等技术的运用，实现了自动化监控量测，确保了隧道施工安全和邻近建构筑物安全。

我在这里还能清晰地看到隧道管片的拼装过程。盾构管片是盾构法隧道的永久性衬砌结构，是隧道的最内层屏障，承担着抵御土层压力、地下水压力，以及特殊荷载的作用，关乎着隧道的整体质量和安全。

这时高始军的手机突然响了，有人通知他去参加个临时会议，他把高延辉介绍给我，说高延辉工作年头较长，管片拼装这一块儿他更是了如指掌。

高延辉1978年生人，山东枣庄人，身材壮硕，一脸浓密的络腮胡茬儿，笑容可掬。父亲是老铁道兵，他是子承父业，现任项目部主管施工生产的副经理。

他说清华园隧道需要的2 243环管片和2 317环箱涵的预制任务，全部由房桥公司京张项目部车间特制加工生产完成。在特定的生产厂房内，这些大型的钢筋混凝土预制件需要在特定环境下，经过自动增温、恒温、降温、蒸养、水养等智能工艺，使其达到最佳强度，与以前自然状态的养护是不能比拟的。他们是全国第一个通过“铁路隧道钢筋混凝土管片CRCC产品认证”的管片生产单位，在业界领先。

我在隧道施工现场看到的管片，形状犹如超大超厚的巨型瓦片。每块管片均有独立的“身份证二维码”，系统将每块管片产生的全部数据储存在二维码上，使用系统专用的手机App即可扫码得到管片全部信息，为管片的智能管理提供了精准依据。

管片采用“6+2+1”分块模式，每块管片外径12.2米，内径11.1米，拼装全环需要9片管片，一块管片长2米，厚55厘米，重15吨，其中8块管片形状是相同的，只有一块是矩形的，为了保持紧密度，这是拼装封环的最后一块。

在现场，我惊叹于全套智能化的神操作，精确无误。盾构机钢铁的臂弯举重若轻，将厚重的管片依次吸起，有序地排列拼装在一起，随后上紧接缝螺栓，间隙要达到不超0.5厘米的精度。

高延辉告诉我，看似轻松，实则不然。譬如隧道泥壁保持的气压、管片外围注入的水泥砂浆、管片缝隙的密封条等，许多隐蔽的工艺操作过程，还是不能直观看得见。

这时候，高始军的会议结束了，他说再带我看看拼装箱涵的现场。他特别提示我多加注意，清华园隧道无论是主体结构的管片、轨下结构的箱涵、双块式轨枕，还是附属结构的排水沟、盖板等，均采用工厂化预制、现场拼装的结构形式。可以说，盾构隧道全预制拼装结构为全国唯一，算得上工程设计、施工的全新理念。

现场拼装箱涵也是个费力气的细致活儿。为此，他们自行研制了边箱涵智能拼装台车，在隧道里运行不用掉头，施工省时省力，保质保量。

我跟随他下到隧道的最底部，在此可以看清楚隧道钢轨之下的箱涵结构。所谓箱涵是由 3 块空心钢筋混凝土预制件组成，中间一块底边呈弧形的方形为中箱涵，稍大，重 16 吨；两侧贴靠管片的两块扇形的为边箱涵，稍小，各重 12 吨。这样 3 块箱涵紧紧拼装在一起，上面就形成了一个平面，然后安装轨枕、铺设钢轨，任高铁在轨道上飞奔。

轨道的下面就是箱涵撑起的涵洞了。

我们在这条涵洞通道里疾走了 100 米，直到下一个出口，沿台阶登上地面。万一发生火灾等紧急情况，这里足以供人迅速疏散撤离。

高始军介绍说，如果有特殊情况发生，旅客可以直接从车门处下车，从两条轨道中间预留的楼梯口下到箱涵底部。箱涵有 2 米高，旅客沿着疏散通道走到逃生井，就可以通过楼梯上到地面。

原来这里隐匿着一条生命通道！在此之前，我还一直担忧呢，心里总悬着一个大大的问号，如果高铁在隧道里遭遇不测可该怎么办。

高始军闻听一笑，说：“您没想到的也会有人想到，干啥琢磨啥。京张高铁在经过清华大学东门后，线路逐渐抬升，为了不影响周边环境，线路在隧道出口处设计了全封闭声屏障。今后列车运行时，就如同进入地上隧道里面一样，可以起到降噪的作用。”

说的是呢，设计者如果不考虑周全了，怎么敢在首都的核心城区打隧道？更谈不上为高铁进城开辟新思路了。

在复杂地层下做精益求精的『大手术』

有人形容盾构机的刀盘就像手术刀片，在掘进时必须小心谨慎，一丝不苟，犹如在复杂的地层下做一次精益求精的“大手术”。

现场听高始军讲述，在盾构机掘进的过程中，时时都跳动着地心的律动和生命的脉搏，刻刻都发生着鲜为人知的新奇故事。

他向我推荐采访对象，他说应该访谈项目部经理周庆合与局协调组副组长张砚伦，他们都是我们的旗帜和榜样。

真不凑巧，周庆和经理去局里开会几日，不便再等。我便和张砚伦促膝攀谈起来，或许都曾有从军经历，竟然一见如故。他说他今年 59 岁了，当年一入伍就到了铁道兵部队，说起那个激情燃烧的岁月，仿佛热血依然在胸中沸腾。正像那首《铁道兵之歌》所唱的：“背上了行装扛起枪，满怀豪情斗志昂扬。毛主席挥手我前进，奔向祖国最需要的地方。打通昆仑千重山，又战东海万顷浪。林海雪原铺新路，金沙江畔摆战场。精心设计，精心施工，铁道兵战士志在四方……”

这首脍炙人口的铁军战歌至今传唱。这支气壮山河的钢铁队伍，出色完成了党和人民交给的艰巨任务。改制后告别了人民解放军的序列，仍是铁路建设战线上的一支劲旅。

张砚伦保持铁军本色，原本已在局党委秘书长职位上退居二线，因京张高铁清华园隧道工程，听从党组织召唤，重新披挂上阵。

2016 年 4 月初，局领导找到他，说修建京张高铁意义非凡，是局里年度“一号工程”，必须组成一个强有力的团队，需要他担任北京片区对外协调小组副组长。他二话没说，立刻到北京清华园隧道项目部赴任。

初来乍到，正逢项目部刚刚筹建阶段，他先是住旅馆，后搬进活动板房，生活条件艰苦。附近老京张铁路的五道口、双清路平交道口依旧车流滚滚，交通环境不容乐观。他们先是投入人力物力打通了新华东路，将又窄又斜的双清路并于荷清路，使这一区域的交通变得通畅了许多，受到市民广泛好评，获得当地政府部门的肯定和表彰。

张砚伦说：“大伙儿都知道，清华园隧道穿过都市繁华地段，整个工程可用‘高、难、险、重’四个字概括。可是，为啥需要我这个老将出马哩？就是因为涉及太多的拆迁问题。哪怕是一棵树、一堵矮墙都与经济利益相关，都得耐下性子来商谈，一次谈不拢，再谈；两次谈不成，再谈；三次还达不成协议呢？心里就着急冒火了。”

掐手指头算算吧：从地下错综复杂的管线，到地上产权各异的场地、房屋和园林……凡是涉及隧道施工范围内的一草一木都得考虑周全。

“开工时间迫近，北段还有园林需要伐移，管线拆改也需要联系。”张砚伦说道，“这事儿得找市建委！你去问问我们工程部长刘磊，为解决这类难题，我们往许多部门跑了不知多少趟。因此我们与市住建委铁路建设协调处的处长贺毅很熟络了，光联系他一起与各家单位协调、开会研究就不下几十次。”

北京的早春寒意料峭，张砚伦心里却急得火烧火燎似的。想想，能不急吗？机械设备、施工人员都干等着呢！

更多的时候，刚开了协调会，紧接着与住户商谈。曾经几个通宵连轴儿转，张砚伦突然发烧39摄氏度，冷得浑身打颤，被送去医院，大夫诊断说是一侧扁桃体严重发炎。张砚伦说干脆把发炎的扁桃体切掉，免得它反复发炎耽搁时间了。

从北京到他家济南，坐高铁就一个多小时，张砚伦两个多月回不去一趟，家里上有老下有小，老母亲83岁，老岳父87岁，小外孙女5岁，都需要老伴儿照料。张砚伦整天忙得团团转，这些都照顾不上。

2018年7月22日晚，张砚伦突然心痛病倒，被同事们紧急送到医院，大夫诊断是急性前壁心肌梗死，立即做了心脏支架手术。他住院后一直没给家人说，怕家人担心，更不愿给家里添乱。有一天，女儿在济南大街上遇见了他单位的同事，才知道父亲在北京住院，立刻坐上高铁赶来探望。女儿来到病房，一眼瞅见父亲的床头卡，只见上面写着："CHD、急性前壁心肌梗死（超急期）、慢性胃炎、颈椎病……"一长串儿的病，顿时情绪失控，她哭着说："爸爸，等你出院咱们就回家吧！你可不能把命搭上。"

张砚伦却笑着安慰女儿说："没你想得那么严重。"然后用商量的口气对女儿说，"闺女，你等爸爸把京张高速建好了，让爸爸站好这最后一班岗，总该行吧！"

张砚伦感慨道，节骨眼上，谁也不能当逃兵。冲锋号一响，必须一跃而起向前冲。2018年六七月间，清华园隧道盾构机连续遭遇"拦路虎"，一度耗在那里停滞不前，大伙儿都心急如焚。周庆合身为大盾构公司的副总经理，临危受命，到京张高铁清华园隧道工程任项目部经理。他从车上下来时，拄着双拐，迎接他的人们眼圈儿一下儿湿了。他刚崴了脚，就带伤上任，真让人觉得有点儿悲壮的况味。

周庆合拄着双拐查看施工现场，与大家一起研究对策。他说干脆就在饭堂的隔壁，开出一间小屋，放上一张圆桌，各部门负责人聚在一起吃饭。

你可别认为领导这是要吃小灶，搞啥特殊化待遇。屋门敞开着，饭菜和饭堂里一样，谁若不信可以进来看看。周经理是为了节省时间，吃着饭脑子也别闲着，就想趁吃饭工夫，顺便与大伙儿谈谈工作。在这个每日三次的圆桌会上，遇上了什么“拦路虎”，大伙儿集思广益，好共同研究对策呀！

我着急问：“到底遇上了怎样的‘拦路虎’？”张砚伦笑着说：“这个就要详细问赵斌了，他是项目部的盾构经理嘛！”

那好，我就找赵斌。

2016 年 3 月 21 日，赵斌和他的同事正奋战在武汉地铁 8 号线施工现场，上级领导一个电话打过来，告诉他务必当天晚上 12 点之前抵达北京清华园隧道。

事发突然，赵斌有点措手不及，他抬手一看手表，已近下午 5 点了，赶紧匆忙收拾行装，赶上了当天最后一班开往北京的高铁。晚 11 点 40 分，他准时抵达京张高铁项目紧急研讨会议现场，这一干就是两年多。

赵斌 1983 年生，毕业于石家庄铁道大学机械专业，十年前在誉为“长江第一隧的南京长江隧道”里，这位年仅 26 岁的小伙子跟随国外技术人员，心情忐忑地钻进盾构机最前端的带压换刀舱内，在水压达 6 个标准大气压的密闭空间，万般小心地投入首次换刀作业，同时也开启了国内带压换刀的先河。

所谓带压进仓作业，通常采用压缩平衡盾构围岩的水土压力，以防止地面发生塌陷。作业人员在高压气体环境下开展检查、更换刀具工作，适应压力范围需在 0.6~6.9 巴，一般采用压力 1 巴，由取得进仓资格的人员分作若干小组依次进仓，直到圆满完成进仓检查及刀具更换工作。

可以说，整个过程对人身安全的威胁如影相随。航天员上太空和潜水员到深海，都需要配备相应的防护装具，尽管地铁带压进仓不能和航天潜海的压力相比，但 1 巴的压力等于每平方厘米 1 千克力，稍有不慎，也会对人的身体甚至生命造成危害。

如今，赵斌从事盾构施工已有 11 个年头了，盾构机带压换刀作业已经升级为常压换刀的 4.0 代。这 11 年里他曾经历过手指断裂的痛楚和沮丧，经历了“地下工作者”漫长的隐忍与蝉变。

他盼望着伴随高速列车一声长鸣，飞冲出自己掘进的清华园隧道，直指远方广阔无垠的蓝天。这是一种怎样的生命震颤，是从爬行到飞翔的超越。刚刚来到京张高铁项目时，他面临的最大困难的就是人手少，前期的场地规划、盾构机选型设计、采购等，都由他一个人负责。他说“就感到肩头的分量超重，不允许自己有半点儿闪失”。

其实赵斌早已智珠在握，他深谙“凡事预则立，不预则废”的道理，事先的充分准备就等于成功的一半。他多次与盾构机制造厂商、专家沟通协调，细心钻研工程特点，进行工程对比，熟知施工重点难点，利用丰富的大直径盾构施工经验，提前规避风险，以确保刀盘刀具对地层的最佳适应性。

工作时间是全天候的，工作状态是全身心的。200 多米的始发井，40 多米深的梯笼，一天就需要来回跑几十趟。盾构机转起来，不管是大事小情都需要他去布置和协调，有时连续 36 个小时不能好好睡觉。盾构机掘进重要地段，地质水文条件复杂、卵石含量高、水压大，全断面卵石地层长达 1 800 米，对刀具磨损非常严重，需要适时优化盾构刀具，给盾构机装上“钢牙利齿”。

卵石层应该就是古老的河床，盾构机的刀具在

中铁三局的铺轨工人们在隧道里目视着钢轨的延伸。
摄影 / 原瑞伦

乱石中旋转，发出霍霍的声响，只顾一路拼杀过去，或尖利或顿挫或咆哮或压抑……赵斌坚守在阴暗潮湿的井下，时刻判断着前方的战况，一待就是两昼一夜，困了就蜷缩在狭小的操作室里眯上一会儿。

2018 年 5 月间，盾构机在穿越地铁 10 号线知春路站时，他们发现操纵参数突然出现异常，立刻把掘进速度放慢，静心聆听。前端刀盘隐约传来金属撞击声，初步判断盾构机打烂了某种金属物品。大伙儿心里都明白 5.4 米之上就是地铁站，此处不可掉以轻心。待盾构机缓缓通过之后，他们必须要到前仓处置故障。

为防止发生土层崩坍，还必须保持2.2巴以上的气压，每平方厘米要承受3千克力。可是打气加压之后，却出现严重漏气。

赵斌和杜贵新等人立刻跑到30多米之上的地面寻找，果然发现地面缝隙有细尘被气吹起，灌下少许水探试，随即冒出气泡儿，最后确定漏气无疑。

再围绕着漏气部位仔细探查，查明了这是当年修建地铁时降水井位置。他们又在附近查找到8口降水井遗址，随后开始灌注水泥砂浆进行封堵。

他们封堵成功后，又立即打气加压，然后下到盾构机前仓进行处置，果然发现了金属碎片。一切不出所料，最后确定是一台被遗落在原降水井的抽水泵作祟。

警情排除后，盾构机又继续掘进了。赵斌却惋惜地说，因此耽误了一个星期，时间多宝贵啊，那是心疼的感觉。

“晓战随金鼓，宵眠抱玉鞍。”赵斌每天都是应战状态。自到京张高铁项目，他最怕晚上有人打来电话。因为只要晚上有电话，十有八九是盾构机出故障了。他索性坚持到深夜两点钟，看着盾构机仍在正常掘进，他才能去睡觉。他的手机从不关机，任何时候打电话找他，他定会第一时间赶到现场。

2018年6月10日，盾构机的外壳突然发生变形，尤其是盾尾部件变形严重，直接导致管片无法正常拼装，必须停机想法儿更换外壳，做相应的整形复原处置。又发现盾构机周围水压很大，试探着在外壳上开一小阀门，地下水一下就“滋”地喷了进来。

就听赵斌在喊：“不行，出不去！地下水压力太大，必须先降水，然后才能修复盾构机。”

大家爬上地面一看，暗暗庆幸：谢天谢地，天佑京张。幸亏故障地点在一处较空旷的场地，最多拆掉一堵矮墙即可。如果在一座高大建筑物或者地铁的地下，那难度可就大了。

尽管很庆幸，实际操作起来也非易事。

他们在盾构机的周围先后打了27口降水井，井深必须达到30多米，要深过盾构机的底部。然后用抽水泵排水，才能把盾构机周围的水压逐渐降下来。

整整一个月的时间，盾构机就像一头被困在深水泥潭的巨兽，难以挣脱。赵斌他们每天就像被架在火堆上炙烤一样，备受煎熬。

如果清华园隧道不能按期完工，必将影响京张高铁2019年底准时开通。届时或许不得不考虑暂时改变发车地点，只能先从清河站发车。

“我们岂能够拖京张高铁的后腿？”那一刻的心情难以名状，真有想哭的感觉，男儿有泪不轻弹，不！那是未到伤心处。

中铁十四局董事长吴言坤来了，专程到现场办公。

大盾构公司的副总经理周庆合来了，他拄着双拐走马上任，兼任项目部经理，带领团队攻坚克难。

作为盾构经理，赵斌承受的压力肯定超过了地下水压，一个月内体重锐减了十几斤，原本胖乎乎的脸蛋儿明显消瘦了黝黑了。那天远在南宁的妻子非要与他视频通话，一看竟然吓了一跳，感觉他有点儿脱相了，眼瞅着他心疼得哭。

赵斌安慰妻子说：“放心吧，故障已经排除了，盾构机又开始掘进了。我们已成功开创了大直径盾构单日进尺11环22米、单月掘进164环328米的最高掘进纪录。你就瞧好吧！我们准能确保清华园隧道提前贯通。等京张高铁开通后，我带你和孩子去看北京冬奥会。”

尽管妻子心里清楚，赵斌带她和孩子去看冬奥会的许诺，十成有八成实现不了。她还是含泪笑了。

一条五分钟的时光隧道

“看啊！打通了，隧道打通了！”

2018 年 11 月 20 日上午，“天佑号”盾构机的刀盘徐徐破土而出，宣告了京张高铁清华园隧道安全实现贯通，在场的员工群情激奋，无不欢欣鼓舞。

现场气氛热烈，人声鼎沸，彩旗彩标迎风招展，还有五彩缤纷的纸花屑从天而降。那一刻建设者就聚集在欢呼的人群里，不少人情不自禁流了泪，好像有一个画外音在耳边喃喃道，你们胜利了，可以哭了。这叫喜极而泣啊，每一滴泪水都是饱含了情感，为飞扬的欢笑声平添了复杂的成分和分量。

京张公司党委书记、董事长马侃彦在贯通仪式上致辞说，清华园隧道是京张高铁的控制性工程，隧道提前贯通为全线铺轨提供了先决条件。他特别提到清华园隧道是全线唯一采用盾构法施工的单洞双线隧道，也是目前北京最大直径的盾构隧道。本次出井的“天佑号”盾构机创造了从下井掘进到出井贯通月均掘进 245 米的优异成绩。

清华园隧道吊装盾构机盾构刀盘。

这台由建设者操纵的大型盾构机一路奋力拼搏，也光荣地成了盾构机中的"劳模"。

作为京张高铁建设期重要节点，清华园盾构隧道由始发掘进到贯通，历时一年。而从工程中标、拆迁、进场、开工到今天，历经两年多难忘时光。内心的酸甜苦辣，也唯有建设者能独自体味和怀想。

沉思昨天。在北京客流量最大的地铁 10 号线下方 1.5 米处，要开挖一个直径 12.64 米的双向隧道，必须保证地铁沉降不超过 1 毫米，如果稍有失误，将会造成不可估量的严重灾难。

赵斌心里最清楚，如此"苛刻"的技术标准，在以往的工程建设中还从未有过呢，无论是难度系数还是危险系数都是空前的。

现在回头再想，曾因故障耽搁了的一个月，如今靠拼搏提前一个月贯通。赵斌不由地长吁了一口气，他真想躺下放平了，踏踏实实睡上一大觉。这是大战后身体的疲惫和放松，也是心理上的欣慰和释怀。

项目名称：新建京张铁路清华园隧道
建设管理单位
京张城际铁路有限
隧道施工单位
中铁十四局集团有限
设备制造单位
HERRENKNECHT 海

清华园隧道盾构机全貌。

最令人欣慰和释怀的，是清华园隧道精准穿越学院南路、北三环、北四环、知春路、成府路、双清路等7条主要城市道路和88条重要市政管线。尤其隧道要穿越特级风险源3处、一级风险源80处，关键处以5.4米净距下穿正在运营的地铁10号线、以最小净距3.4米侧穿地铁13号线，以最小净距0.8米上跨地铁15号线。现经检测，确认地铁10号线最大沉降值0.8毫米、15号线最大上浮点1.2毫米，所有风险源均符合规范要求，成功实现了地下空间多层布局，并为今后的城市空间综合开发提供了可靠参照。

在清华园隧道贯通仪式上，项目部经理周庆合与媒体记者互动交流。他说道，京张高铁从北京北站出发，进入我们的清华园隧道，出地面后，与现有的京包铁路，形成双线路基。其实啊，京张高铁通过清华园隧道最多也就5分钟时间。

不知道该为他们自豪还是因他们而感动，他们需要凝聚起多少日月星辰、心血汗水，才能筑成一条5分钟的时光隧道啊！

一条5分钟的时光隧道，将之前被铁路割开的城市缝合起来，浓缩了四道口、五道口、双清路等铁路道口曾经拥挤、停滞的全部时光。

伴随惊鸿一瞥，高铁飞车驶出，一条5分钟时光隧道穿越了京张百年。

挥一挥手，我匆匆走了，正如我匆匆来。留下潜入大地的一腔赤诚，不带走天空一片云彩。再见了！伟大的首都北京；再见了！亲爱的清华园隧道。周庆合与赵斌们默默与清华园隧道告别，又要束装就道奔赴下一个施工现场。

京张高铁开通后，要在清华园隧道的地面上建起一座京张铁路遗址公园。其中的四季花园以四季观赏花卉、搭配少量常绿灌木为特色，亦将成为人们日常休闲、娱乐的好去处。

“万花锦绣同民乐，不比青山独乐园。”不知到此游览的人们能否想到，在这片四季花园的地下，曾有过这样一群遁地潜行的人；在这条穿越城区的时光隧道中，有这样一个引人入胜的地下世界。

高铁驿站，以八达岭长城的名义

1909
1910
1911
1912
1913
1914
1915
1916
1917
1918
·
·
·
·
·
2010
2011
2012
2013
2014
2015
2016
2017
2018
2019

清晨，我登上古老的八达岭长城，
细看砖缝中长出的小草气宇轩昂。
每个叶片上都挂着晶莹的露珠儿，
每颗露珠儿都映着初升的朝阳。

我在八达岭的一天就这样在诗情画意中悄然开始了，这是我眼中宏观长城上的微观意象。

此刻八达岭上天高云淡，新建的高铁站掩映在树木山色中，谨以八达岭长城的名义，盛情邀请来自五湖四海的国内外游人，一览古老神州的盛世丽景。

“八达岭上高铁站，登上长城是好汉。”一位来自东北的中年汉子右手挥舞一面小红旗儿，向落在后面的旅伴们大声召唤，随即引来众口一词的附和，大家齐声呼应着。

八达岭的确名副其实，山峦层叠，地势险峻。相传长城在此须绕过八道弯，越过八座岭，当年修建时艰难异常，曾先后愁死八位监工。后经仙人点化，得“修城八法”，即：虎带笼头羊背鞍，燕子衔泥猴搭肩，龟驮石条兔引路，喜鹊搭桥冰铺栈。终将建材运上岭，长城才得以建成。

显然这是神话传说，民间也有个普遍说法，说“八达岭”是取自“八大岭”的谐音。另外，八达岭还有几种因谐音而得名的不同版本，其真伪难以考证。

古诗云：“千寻粉堞跨山脊，断壁横崖路转生。”明代《长安客话》说：“路从此分，四通八达，故名八达岭，是关山最高者。”八达岭系居庸关外口，北通延庆、赤城、蒙古；南达昌平、北京等地区；东通永宁、四海；西达张家口、怀来、宣化、大同；可谓四通八达。

百余年前，詹天佑先生曾在此开山筑路，破壁图强，一条京张铁路开启中国人自主修路的百年史。

百余年后，詹天佑的后来人在此穿山越涧，山地飞翔，一条京张高铁续写中国乃至世界高铁的新辉煌。

两条京张铁路，大致相同的走向，一老一新，相互辉映，相互感召，相互勉励。一条承载着过去，一条描绘着未来，共同演绎中国百年铁路的传奇与精彩。

来此之前，如果不是有人向我揭秘，我肯定想不到，就在八达岭长城底下，竟有新建的京张高铁线路径直穿过，还有一个以八达岭长城命名的车站隐身于大山腹中。

真想知道，设计者与建设者要在百米岩层底下打造这样一座豪华宫殿般的超级建筑，除了胸襟和眼界，还需要具备怎样的勇气、智慧和力量……

从「人」字到「大」字

八达岭雄关漫道，名不虚传。古诗曾云：“过尽重关更上山，上山又过一重关。从来漫说金城险，到此休说蜀道难。”可见此岭地势之险要。

我与众人攀登在燕山山脉的峰谷间，宛如走在大山的皱纹里，依稀见到石崖上刻有模糊的文字，却不知古人能否以石头的不朽，猜想到若干年后风雨侵蚀的沧桑。我在突感人生短暂的一瞬后，审视的目光竟深入石头的纹路，而石头的灵魂却躲在细密的纹路里静默不语。这里的山是神秘的，这里的岭是诱人的。

一百多年前，就是在这片八达岭的峰谷间，善于形象思维的先驱已经借助山岭的走势定夺通达之途。他们凭着生命的强劲动力驱使着辎重的车轮，在崇山峻岭间起伏蜿蜒前行。两条铁轨高低错落，舞动着山河，巧妙地构成一个夹角，形成一个巨大的“人”字。

八达岭是一位沉默无语的智者，它厚重的阅历足以陈述世间的变迁与“人”字的伟大。在此，一个叫詹天佑的中国人获得了不朽与永生。

当年的老京张铁路到了八达岭，坡度是33‰，意味着1 000米的距离高度就差了 33 米。如果按照当时国际施工惯例，海拔每升高 1 米，就要经过 100 米的斜坡，坡道就长达 10 多公里。詹天佑先生尽可能地缩短线路、少凿隧道、降低成本。在轨道途经青龙桥时，他利用“折返线”原理，特意在陡峭的山坡上设计了一个“人”字形展线，从张家口方向来的火车由坡上驶入青龙桥，再从青龙桥折返至另一条轨道进京。

修建这种如今看来最基本的铁路展线，在当时同样需要勇气和智慧，也是詹天佑先生西学中用的成功范例。尽管如此，由于山地坡陡，采用

轻型机车动力不足，火车爬坡时需要两台机车同时推送和牵引，而盘旋的铁路依旧增加了线路长度，弧度限制了列车的速度，也加重了轮对与轨道的磨损。据一位老司机对我讲，当年列车由八达岭下坡时一路刹车，车轮犹如拖着两条长长的火龙。

中铁五局的建设者在八达岭长城站施工。
摄影 / 原瑞伦

今天，我们站在八达岭隧道二号斜井的位置，可以清晰地看到对面八达岭长城的烽火台。工地门外，老京张铁路的那座著名的青龙桥站仍寂静地守望在山坡上，偶尔有列车缓缓驶过，好像一下子拉长了斜阳，如白驹过隙的时光顿时慢了下来。

多次听有关专家讲述过，由于受当年施工条件的诸多制约，这已是铁路穿越八达岭的最佳选择，也是没有其他办法的唯一方法。换言之，当年詹天佑修建的京张铁路是被“逼”上了八达岭。

而今中国人运用现代化的钻爆技术、精准电子雷管减震技术、预应力拉杆与锚索等技术，凭借先进的机械设备和强大科技创新能力，以往隧道工程施工中所面对的一切技术难题均迎刃而解。

在最初的京张高铁的论证会上，北京延庆区旅游部门的同志提出建议，希望修建八达岭长城站时能够充分考虑到对当地文物古迹与自然环境的保护。

京张高铁八达岭长城站总设计师吕刚介绍说，八达岭长城站选址正是基于服务冬奥、服务八达岭景区和保护八达岭长城、青龙桥车站和人字形线路等多方面考虑。

高铁站埋深之深，保护环境是初衷。

建设者首先要应对的，是施工环境的高难度和施工技术的高标准，不仅要借助技术创新，更要胆大心细，就如同在大山里绣花儿一般，里子面子工艺都必须是一流的，都要与新时代新理念相匹配。

京张高铁三标段宣传组长谢崇志对我说，主要工程为“一隧一站”，即八达岭隧道和八达岭长城站。这个隧道与长城距离不到 200 米，地处八达岭核心风景区，与水关长城并行，两次下穿八达岭长城，与上面距离最浅处只有 4 米，最深处却有 432 米。

我站在八达岭长城站的模型沙盘前，看到隧道与地下车站像一座巨大的地下宫殿，其间隐藏着众多互联的洞口、错综复杂的网线……年轻的项目副总工程师倪派对我说，就在这片跌宕起伏的山岭之下，离青龙桥车站不远处的山体中，一项超级工程已经建成。这座车站拥有全国 4 个“最”，即：世界埋深最大的高铁车站，数量最多最复杂的暗挖洞群车站，旅客进出站提升高度最大的地下车站，国内单拱跨度最大的暗挖铁路隧道。

我第一次随汽车进八达岭隧道长城站的时候，天空淅淅沥沥下起了小雨。汽车一头钻进一条泥泞的通道，一通左拐右拐，在施工斜井间穿插迂回。工地犹如一个地下迷宫，通道结构复杂，交叉节点密集。即使留心通道口的路牌，一时间也难以分辨自己身在何处，就像误入了古战场的八卦阵一般。

汽车停在一处丁字口，司机下车与施工人员打问了几句。我有点儿担心地问：“好几百人施工，会不会有人迷路走丢呢？”

在场员工手指头上的安全帽答道：“没事的，丢不了，咱们的安全帽里都有芯片。”我陡然想起刚走进二号斜井施工现场时，就发现那里安装了人机定位的显示系统，所有地下洞室施工场景一览无余。

是啊，如此复杂的迷宫，地下物流和施工指挥靠什么组织呢？

“靠 BIM 和综合交通指挥智能信息技术，这在全国铁路基建工程中尚属首次。”倪派介绍说，洞内无线网络实现全覆盖，所有施工人员及机械设备均安装 GPS。

我不由心中暗自赞叹，监测 360 度无死角，这样施工指挥更为精准。京张高铁无愧智能京张的名头，到处都能窥见智能的身影呢！

汽车确定好方向，先向右拐再向左拐，直到一处斜井出口停下来。我的眼前豁然开朗，禁不住感叹别有洞天。原来是到达了大跨度段的隧道，也就是到了高铁站的站台位置。

我信步走在轨道一侧的站台上，拍击石壁感觉坚实而厚重；巡视的目光扬起，环顾过高大穹顶，然后沿着轨道分别向着前方后方张望，发现隧道大环套小环，环环相连，就像一根巨型套筒，想必一直伸向洞口外，连接着远方一片蓝天。

倪派颇为自豪地说，新贯通的 12 公里八达岭隧道不再像老京张铁路那样盘山绕行，而变得更加直截了当，径直从老站区的下方横穿而过，恰好位于“人”字形铁路的一撇一捺交会处。也就是说詹天佑写下的“人”字下面被京张高铁的建设者们又加上了一横，改写成了一个“大”字。

当年一个“人”字，书写中国人的志向与传奇；今天一个“大”字，谱写大中国的崛起与强盛。

百年京张，天地之作，大含细入，蕴涵深邃。

在青龙桥车站的老站房前，56 岁的老站长杨存信仍在坚守岗位。老房子中间那一间，就是他当年出生的地方。可以说，他一落生就与青龙桥车站结下了不解之缘。1981 年，他从父亲手中接过信号旗，这一干就是 38 个春秋。

“最早的候车区域是男女分开的。”老站长热情对参观者介绍，一节悬挂的旧钢轨，就是那时的报站器。在列车到达前，客运人员用铁锤敲击钢轨，提醒旅客准备乘车，如果敲单数是出京方向，敲双数则是进京方向。

新八达岭隧道直接穿山而过，工程难度很大。摄影 / 原瑞伦

老站房基本保留了往日的设置，京张铁路各个时期的老物件都被一一珍藏：煤油灯、老站匾、老钢轨、老车票……一件件文物见证了中国铁路的百年变迁。

眺望京张高铁，现代气派；回眸一瞥，恍若隔世。

老杨站长感慨万千，他说想不到科技会如此发达，国家实力会如此强大，还可以在地下百米深处开挖隧道、修建高铁站。咱们中国人的力量真是了不起！搁在过去不要说做不到，这是连想也想不到的事儿。

新老京张铁路交会于八达岭的精彩演绎，从当年的“人”字到今天的“大”字，难道仅仅是一次偶然的巧合吗？一定还蕴藏着更多令人遐想的美好寓意。

超级工程诠释『中国人品』

3 座相对平行独立的隧道
组成“中”字的车站线路
2 445 米车站救援疏散通道
绕成一个大写的“国”字
7 434 米辅助道坑
写成一个伟岸的“人”字
326 米隧道大跨过渡段
以“品”字形工法开挖
哦，我们把“中国人品”
和一条高铁的品质
雕刻在大山的深处

我的好友、铁路诗人李木马多次到八达岭隧道工地深入生活，他在洞悉了岩层下隧道与车站复杂构建之后，凭借着诗人的敏锐和想象，写下了这样的诗句。

八达岭长城站与隧道连体，采用“中”字车站线路形制、“国”字救援疏散通道方式、“人”字形辅助坑道设置、“品”字形大跨度隧道施工工法，从整体工程结构到具体施工工法，将“中国人品”四个大字囊括其间，意在诠释设计和施工人员的聪明才智与职业操守。

我想，将身心全部融入其中，透视三维或四维空间，就能洞悉大山深刻的隐喻。我在深入八达岭工地之后，认为这或许是人的想象与工程构架的高度契合吧。

负责宣传工作的谢崇志对工程了如指掌，称得上是一位出色的讲解员。他对我说，新建的八达岭长城站分三层地下结构，自下而上分别为站台层、进站层及出站层（设备层），保证了进出站旅客互不见面，客流更顺畅。车站最大埋深 102 米，建筑面积为 4.9 万平方米，近乎 7 个足球场大小。设计洞室有 78 个，断面形式 88 种，使之成为国内最为复杂的暗挖洞群车站。

“虽然说在地下百米车站换乘，但旅客进出站很方便，上下车都安全。”陪同我到施工现场的项目副总工程师倪派接着介绍说，“车站还有不少创新设计：首次采用叠层进出站通道，实现了进出站客流完全分离和进出站口均衡布置；首次采用长大扶梯一次提升及斜行电梯等先进设备，旅客垂直提升高度达 62 米。值得提倡的是，车站首次采用环形救援廊道设计，将以往竣工后弃用的斜井再次利用，变为永久性救援通道，实现了地下车站快速救援无死角。”

工程技术主管舒全满把话题转向工程难度，他说车站最大跨度达 32.7 米，这是全国目前跨度最大的隧道车站。国内一般隧道的单拱均在 14~16 米之间。为保护八达岭长城、百年青龙桥站和“人”字形线路，隧道无法采用传统明挖回填的施工方式。

2016 年 4 月 15 日，工程一上马，挖掘机一下铲子，他们就感觉遇上了对手。“挖掘机一挖，我们就知道施工难度至少翻倍。”工程项目部经理蒋思立刻皱起了眉头，根据原勘测设计图，八达岭隧道主攻二三级围岩，那么一天至少可以推进6~8米，可是一上手就发现，这里围岩至少是四五级。“每一次爆破后都要立钢架、挂钢筋网、喷混凝土等，工序复杂，费工费时，一天最多掘进2米。”

紧跟着，就是另一个“下马威”：地下涌水频发。不知道风枪打孔打到哪里就会冒出个“大喷泉”，每天正常涌水量近1.9万立方米，就相当于一天要抽干10个标准8道游泳池的蓄水量，更何况最大日涌水量高达5.6万立方米呢。涌水不仅会淹没机器设备，影响人身安全，高水压还可能导致隧道塌方。

建设中八达岭长城站。
摄影 / 原瑞伦

危机四伏，要时时提醒自己勿忘：隧道共有两处浅埋，一处下穿石佛寺村，最小埋深 10 米；一处下穿老京张铁路青龙桥车站，最小埋深仅有 4 米。

居危思危，要处处提醒自己切记：站台层设计为三个洞室，每拱之间最小间距仅为 2 米；隧道小间距爆破最窄处也仅为 2 米。

曲突徙薪，防患于未然，建设者心里警钟长鸣：假如施工殃及了八达岭上的历史古迹，哪怕是裂了一丝暗纹儿，我们就成了千古罪人！

想想吧！当初设计建设地下车站是为了什么？我们可不能在施工过程中有违初衷啊！

在某种程度上，头顶上的文物都是易碎品，要小心再小心才行。施工时要想抡圆了胳膊大刀阔斧地干绝不允许，轻重分寸必须拿捏好了，施工难度可想而知。

“要害地方我们甚至是人工用风镐挖的。”负责八达岭长城站施工的作业队长王建东说，“保护八达岭长城是京张高铁建设中的重中之重。”

整个修建过程中，隧道的掘进只能采取常规爆破的方法，俗称“放炮”。这就得依靠精准微损伤控制爆破的先进技术，以精准的爆破减少震动，其作业震动速度要降到每秒 1.6 毫米以下。

这是个什么概念呢？据技术人员解释，传统爆破技术震速高，震感比较强，在地下百米作业，对长城的扰动类似于汽车怠速时玻璃窗的震动。而精准的电子雷管减震爆破施工技术，能使爆破震动的幅度和分贝降到最低。当震速控制在每秒 1.6 毫米左右时，每爆破一次只相当于在长城上跺了一下脚。

在埋深仅 4 米的青龙桥车站下方，约 40 米的隧道施工区段，他们在风枪打眼处放入一种特殊的膨胀剂，将岩石慢慢撑裂，再人工开凿，机械推进，确保老祖宗留下的宝贝毫发无损，一点儿不受施工惊扰。

如此严苛的施工限制，无疑拖慢了工程的进度，为了如期完工，他们只能从数量上设法儿找回来。

积少成多，药量少，就多“放炮”。一天放炮至少十几次，不足半年时间，他们就实施爆破 4 500 余次。

就像解放战争中为了保护古城建筑风貌，将士们不肯用重炮轰击，只能使用轻武器战斗一样。就听“嘭”的一声炮响在耳边炸开，即刻一片粉尘从洞里飘散出来。

现场技术人员解释说：“刚才都是 68 公斤药量的小爆破，我们还有 200 多公斤的大爆破，这要严格依据现场情况选定。”

每当实施爆破时，现场施工人员都要到爆破点外的掩体处，隧道内原本的风枪声、车轮声、机械打磨声与人的嘈杂声，全部鸦雀无声。

于无声处，每一次组织人员设备退避。如何避免爆破集中导致发生共振？又如何避免爆破间隔太大、影响施工进度？都要考虑无缝衔接。

以勤补慢，时间紧，就不停歇。同时在 11 个工作面展开施工，每天近 700 人上阵，24 小时轮班，不间断作业。

就在 2016 年 12 月 22 日，隧道辅助道坑转入正洞施工的第三天，有工友爆料说，我们这里发生了一件“神奇”事儿。

“是啥神奇事儿？”

大跨段开挖班的负责人潘运凌告诉架子三队队长杨宾说：“隧道里挖出了一幅八卦图。”

这个消息不胫而走，迅速在工班里传播开来。有人偷偷询问：“难道是我们在长城脚下挖到了龙脉？”

“什么龙脉？怎么可能！”项目部经理蒋思和总工程师罗都灏心里都清楚，这里是典型的燕山山脉，分明是施工接触到了 F2 断层带，预示着施工进入攻坚阶段。

远古的造山运动是指地壳局部受力、岩石急剧变形而大规模隆起形成山脉的运动。据说目前观测到的最后一次造山运动就是燕山运动，其结束的时间是白垩纪末期，距今也有 1 亿多年了。

燕山地质结构异常复杂，具备典型喀斯特钟乳岩地层，更有石灰岩层和石英岩、千页岩、板岩、海蚀岩、沉积岩等。赏石资源也丰富，纹理逼真，富有变化，质感古朴，光泽凝重，其形态以象形状物者较为多见。

所以说，燕山山脉出现“八卦图”象形并不罕见。

“乾三连，坤六断；震仰盂，艮覆碗……”有人念叨起八卦歌诀。再经过仔细观察，发现破碎的断层走向像八卦图的阴阳界线，直接把围岩划分开，上盘为灰白色斑状二长花岗岩、下盘为灰色花岗岩，围岩一半十分坚硬，一半又十分松软，颜色一半深、一半浅，酷似一幅八卦图案。

这就是大自然的奥秘和神奇，不少鬼斧神工的天然艺术令人叹为观之。

在场的人无不觉得有些可惜和遗憾。这幅精美的八卦图犹如昙花一现，却不能保留下来，更没机会展示在光天化日之下了。

燕山主要以三级至五级围岩为主，岩性种类多，成分变化大，岩体破碎，风化差异明显，地质条件复杂，多洞室平行作业、施工组织困难，洞室紧邻，爆破影响大，安全风险高。

说到施工难度大、安全风险高，难与险也存在辩证法。有些时候叫人纠结犯愁的竟是“硬石头不好啃，软石头难对付”。

面对这样的围岩和超大跨度隧道断面开挖，一连串的问题摆在了建设者面前：机械配套问题、安全问题、质量问题、工期问题……一个个沉重的问题需要解决，直压得项目部经理蒋思和总工程师罗都灏寝食不安。

克难避险，他们真正体会到什么叫如临深渊、如履薄冰。

精心“品”出精品工程

不经意间，燕山枫叶又红了
八达岭长城尽染秋色
理想信念每每梦里开花
心血汗水滴滴凝结硕果
悉心品一品心上的石头吧
我来自大山，我是大山的儿子
岂可辜负大山的信任与嘱托

项目部经理蒋思出生在山区，他从故乡贵州的大山里走出来，深谙大山的秉性和脾气，与大山有着与生俱来的亲和。他经常告诫身边的工程技术人员，与山石打交道，我们不能自欺欺人，更不能轻慢大山。

蒋思毕业于西南交通大学，已有多年铁路隧道的施工经验。他深有体会地说：“能干长城站，个个是好汉；干完长城站，个个是铁汉。”进入工地以来的700多个日夜，他心里绷紧的那根弦就从未放松过，甚至没有睡过一个安稳觉。他才40多岁的年纪，头发竟然白了一大把。

八达岭赋予了建设者足够的艰难、险阻、智慧、力量和灵性，他们需要真心与大山为伍，精诚与大山合作，在深厚的岩层上写下人类恢宏的诗篇。

八达岭的地质要比想象的复杂，整条隧道要穿越两个断层，存在岩爆、湿陷性黄土、软岩变形等高风险，尤其是大跨度段施工，稍有不慎，就会引发坍塌，后果不堪想象。

工程安全形势严峻。他认为传统的三台阶开挖法安全风险系数大，而CRD或双侧壁导坑开挖则工序多、工艺复杂且不利于机械化施工。

为此，他率领项目团队多次与专家探讨、研究、分析、计算，对多台阶分步开挖工法进行了改良，借鉴国外的“新奥法”、“新意法”和“挪威法”

装修八达岭长城站。
摄影 / 原瑞伦

理论，提出了超大跨度隧道“品”字形施工工法。

所谓“品”字形施工法，顾名思义，就是将一个大隧道拆分成上、左、右三个小隧道分别开挖，在中间预留核心提供支撑；最后挖开核心，将三个小隧道合并成一个大“隧道”，也就是八达岭隧道内的庞大车站。

使用这种掘进方法，工法相对简洁，也便于施工机械充分发挥作用。且顶洞的开挖超前于其他两洞，可以预先探明地质情况，为后两洞的开挖提供参考，以便采取相应对策。

随后，他们将“品字形工法”一层层、一步步具体分解到位。首先把断面分为三个台阶，自上而下施工，断面上层中心两侧 4 米、高 6 米形成一个“口”字小型隧道，进行开挖、喷浆、挂格栅拱架、立钢支架，当施工到 30 米时，打入锚杆、锚索，第一个口顶洞超前直接挖通 163 米，可为整个大跨段施工探明地质。上断面两侧，先施工左侧口，第二个口滞后第一个口 30~50 米后开挖，右侧施工第三口；其次施工断面中、下层先两边；然后拆除立架，开挖核心第八第九个口；最后开挖仰拱，整体施工快捷高效。

总而言之，超大断面隧道“品”字形施工工法可细分 11 部分，工法的技术核心是“顶洞超前、预留核心、分层开挖、重点锁定”。

“品”字形工法技术核心的“重点锁定”应该就是施工的重中之重，这是建设者在实践中摸索出的技术绝活——岩石层里锚钢筋。

具体讲，是在隧道内部完成喷浆后，将一丛丛钢筋锚进隧道的各个点位，相当于加了一个双保险，用行话说就叫“预应力锚索钻孔施工”。每丛钢筋共 7 根，直径约 20 厘米。这一丛钢筋就是一处锚索，根据跨度不同，锚索的密度和深度也不同。在 32.7 米跨度最大区段，将在每 1.2 米 ×2.4 米范围打进一处锚索，深达 25 米。所有的锚索都将永久封铸在隧道内，就像一颗颗超大号的长铆钉，将山体牢牢固定。

值得一提的是，八达岭隧道长城站衬砌混凝土采用了寿命大于 300

年的技术指标，并以配套化施工工法浇筑。

数百年大计，需要步步经心。超大跨度的工程更需要细致入微地精心操作，哪怕穿越断层破碎带和风化槽，遭遇五级围岩等复杂地质，均可力保隧道固若金汤。

2016年12月27日，经过了专家多次论证，做足了前期准备，在隧道张家口方向一端大跨度段掌子面上，9台风钻“突突突”地响起来，“品”字形开挖的第一个口开钻了。

打眼、装药、爆破、出渣、喷浆、挂钢格栅、立架、打锚索……每道工序循序渐进。第一个口开挖30米后，第二个口开挖，紧接着第三个口。

随即工作面展开，全电脑三臂凿岩台车、混凝土喷射机械手、大型侧卸装载机、全液压挖机、卷扬机、压浆机、打孔机等各种现代化先进设备一齐亮剑，施工场面犹如拼杀的战场。

为摸索每个工序工作时间，对工序循环进行时间卡控，项目部与作业队对现场每个工序时间、人员、设备进行跟踪、统计、分析。根据围岩情况，他们对平台就位、开挖准备、打眼装药、爆破排烟、查炮出渣、清底找顶、测量、立架、喷砼等每道工序的时间、循环进尺长度进行核算和规范。依据每道工序合理时间，制定工序循环考核办法：每道工序延时1分钟，对超时工序相关责任人及施工人员给予相应经济处罚，促使每道工序人机配合都要争分夺秒。

多措并举，促使掘进进展迅速提升。在此后9个多月的施工中，他们攻克了隧道涌水、突泥、长大隧道通风等技术难关，力保隧道张家口方向一端的大跨段开挖完成。

2018年11月13日10时18分，现场指挥员一声令下：“起爆！”隧道深处传来隆隆的爆破声。硝烟弥散处传来捷报，京张高铁全长12.01公里的第一长隧八达岭隧道胜利贯通。

“真是不容易，太不容易了！”淤积于胸的情感瞬间宣泄出来，低吼、尖叫、跳跃、鼓掌、欢笑、流泪……悲欣交集，连整座大山也一同沸腾起来。

长城应无恙，当惊世界殊。我站在工程大跨最宽处，这个跨宽32.7米、高19.5米、地面500平方米的巨大空间，再加上78个洞室群落，毫不夸张，这里的确就是一个超级地下大迷宫。

项目经理蒋思自豪地说，超大断面隧道“品”字形施工工法，首次应用在京张高铁八达岭隧道大跨过渡段并取得成功，实践证明其具有“工法简洁，工序转换少，施工安全可靠，机械化程度高”的优势特点，从而实现了大跨过渡段施工安全、快速、增效的目标，将大跨段原计划18个月的工期一跃提前了6个月。

2019年3月25日，由中国铁道学会指导，中国中铁股份有限公司主办，中国铁道学会桥隧委员会等部门承办的国际性隧道技术交流会在京召开，有包括来自荷兰、瑞士、加拿大、韩国、巴西等15个国家的国内外近百名隧道及地下工程建设专家参加盛会。与会专家共同探讨分享了地下空间修建技术，特别对大断面隧道的超前规划理念、科学设计方案、先进施工技术、管理经验等做了学术交流。会后，专家学者参观了八达岭长城地下车站，纷纷挑起拇指连声称赞。

现场为证，奇迹摆在眼前，不服不行啊！

只为那一闪而过的快感

记忆的涌水、岩爆、危岩
一直伴随着心潮起伏，热血翻卷
最终化作一道洞穿大山的光线
我一路追逐梦想的高铁啊
过八达岭，出居庸关
一声长鸣
只为那一闪而过的快感

每一位员工都因为有幸参建京张高铁而倍感珍惜和骄傲。正如他们在施工现场写下的抒情诗句："我们何其有幸，百年铁路的新景，被我们丰盈……隧道里那一滴滴渗入地下的汗水，艰辛但自豪；洞坑中那一束束深沉专注的目光，不眠而闪耀……"

我想，京张高铁又何尝不是有幸呢？因为有了这样一群执着奋进的建设者，京张高铁的故事包含了赤诚和忠贞，充满了深情和感动。在这深深的岩层下，就有这样一群平平凡凡的人，就有这样一群可敬可爱的人，就有这样一群可歌可泣的人。

易治生是京张高铁三标段架子三队领工员，性格内向，却是个出了名的工作狂，是干工程的一把好手。早在宝兰铁路隧道施工中，因工作表现出色，领导多次找他谈话，要提拔他当副队长。他并不愿意，直接推辞掉，用他的话说，自个儿天生就是个干活儿的命。

在他负责的管段里，几乎每个关键工序和危险时刻，他都会像“钉子”一样几个小时、十几个小时、几十个小时地盯在现场。京张高铁八达岭隧道正洞掌子面打眼，按照技术交底，这个断面有 138 个，上台阶 57 个周边眼，孔深 3.5 米。他一手拿技术交底图，数着掌子面炮眼数量核对，一手拿着卷尺对炮眼的间距、深度进行检查。他不停地给工人说，炮眼打少会造成隧道欠挖，造成二次返工处理。他负责的工作面，没有出现过一次少打、深度不够的情况，开挖轮廓线、光爆效果都非常好，工程质量都是一流的。

杨宾是京张高铁三标架子三队队长，一米七五的个头，整天把身体装在厚实的工作服里，把自己绑在施工工地上。他从不喜欢自我表现，总是沉默着，一双眼睛隐藏着威严和淡定。

他负责的是八达岭隧道最要害、最核心、最困难的部分，是人所共知的大跨度八达岭车站。这个地下车站关乎整个工程的成败，他身心所承受的压力非常大。

中铁五局的工人行进在八达岭长城站施工现场。
摄影 / 原瑞伦

他每天坚守在隧道里，宵衣旰食，三餐不定时，早出晚归，夜晚从未在 12 点以前躺下过。即便是睡觉，手机也是 24 小时开机状态，经常睡到三更半夜，就被一个电话从床上掀起来，直接火速奔向工地。

这段时间他总觉得口渴，虽然经常流汗的人就容易口渴，可是他突然之间就特别能喝水，即使不停地喝下好多水，还是口干舌燥。大伙儿催促他赶紧去医院检查，检查结果吓了大伙儿一跳，空腹血糖值高达 21，而正常值是 3~6。一称体重，他整整瘦了 31 斤。

杨宾建京张高铁三年多时间，就住在八达岭长城脚下，却从未爬过一次长城。他总想着等工程完工闲下来了，有时间再去爬爬长城，看看八达岭的大好风光。可直到他被调离的那天，他也未顾得上实现这个愿望。

八达岭长城站还有一位59岁的老共产党员蒋堂忠，他每天负责巡查8个掌子面，累计步行10多公里。在两年多的时间里，少说也走了1万多公里吧，却未能回家去探望一下85岁的老父亲。他说："我真是离不开啊，为京张高铁站好最后一班岗，才能对得起共产党员这个光荣称号。"作为一个即将退休的基层普通员工，这是他心中的那份圣洁和赤诚。

在八达岭隧道一号斜井工地，也有一个被人称颂的忠孝两全的感人故事。工友们在生活区经常看到这样的温馨画面：一位身穿工装、头戴安全帽的50多岁的汉子，背着他的老母亲缓慢行走，脚下迈出的步伐，扎实有力，脸上淌着汗水，还挂着笑容。老母亲伏在他坚实的背上，微眯着双眼，神情幸福安然。

这位汉子就是中铁五局京张高铁项目架子二队的施工员、优秀共产党员刘建林。

刘建林说起母亲，就四个字：恩重如山。在他7岁的时候，身为铁路工程职工的父亲因公殉职，留下母子二人相依为命。母亲将他抱在怀里安慰说："儿啊！别怕，你爹走了还有娘在，有娘一口吃的，就有你吃的！"为了给儿子吃得好点儿、穿得好点儿，母亲卖过汽水、弹过棉花、摆过地摊、当过装卸工，也捡过废品，只想让儿子生活得不比有爹的孩子差。母亲怕儿子受委屈，一直没有改嫁，一个人煨干就湿，含辛茹苦，将刘建林抚养成人。

1995年刘建林接过父亲的班，光荣地加入了这支修路大军，紧接着娶妻生子。母亲全力以赴支持儿子儿媳在外工作，又担负起哺养孙辈的重任。十几年的时光一晃过了，在孙子的心中，奶奶是这个世界上最亲的人，照料他读完小学、初中、高中。现在他早已大学毕业，走上了自己的工作岗位。

几年前，刘建林回家探望母亲，发现儿子长大了，母亲却衰老了。长年的劳碌让她患上了劳损性关节炎，既不能多下地行走，也不能一种姿势长时间站立，随着关节的加速磨损，病情还在进一步加重。

刘建林心如刀绞，尤其看到老母亲孤身一人在家没人照顾，身体日渐消瘦下去，精神头儿也大不比从前了。母亲甚至故意自暴自弃，有病也不听医嘱，不配合治疗。母亲是不想再拖累他们了。

那天一走出母亲家门，刘建林再也无法控制感情的闸门，一阵号啕大哭。刘建林找到单位领导说："我实在不忍心丢下孤苦伶仃的老母亲，跟母亲在一起，我的心才安定，我的家才圆满。以后无论我到哪儿工作，只要领导同意，我都会背上母亲，照顾母亲，努力工作，以工地为家。"

所在党组织恫瘝在抱，体恤下属员工。从 2014 年 5 月开始，他将 70 多岁的老母亲从四川营山，背到了云南富源的沪昆高铁壁板坡隧道工地。从此，他背着母亲修建高铁，爱岗与尽孝兼顾，在刘建林看来，"再累也值得，再苦心也甘"。

2016 年 4 月，刘建林随队伍转战京张高铁建设，经领导同意，他再次背上母亲来到京张高铁八达岭隧道 1 号斜井工地，一边施工一边照顾母亲。而来工地陪儿子生活最合老人心愿，她说儿子在外工作 20 多年里，每次一听说儿子进隧道施工，她都提心吊胆，隧道的安全让她放心不下，生怕再发生与他父亲类似的事故。现在知道现场安全管理采用"互联网 +"技术，可以利用多种技术手段科学合理指导施工进程、保证隧道施工安全，老人的心很踏实，每晚可以睡好觉了。

如今工程部门都注重人性化管理，遇有特殊情况都会特殊对待。大家都感同身受，深知"子欲养而亲不待"是人生最大的痛楚和憾事。队领导班子经过研究，为老人安排了一间最大的卧室；厨师得知老人胃口不好，经常给她熬八宝粥、炖骨头汤、擀面条，让老人生活得很快乐；老人想见儿媳，队领导还给儿媳安排了一份工作，就在隧道门禁值班，这样儿媳妇可以利用休班时间多陪陪婆母。老人说："这里的年轻干部和工友们，就像对待自己亲娘一样照顾我，有空就轮流陪我聊天、拉家常、打扑克牌。”家乡的亲友惦记她，给她打电话，她逢人便说，在这里她享到了期盼已久的天伦之乐，她还想再活60年呢。

刘建林又会怎么说呢，没二话，上工地，撸起袖子，加油干！

如今，这座长城下建成的地下“宫殿”已“横山出世”。高铁穿过这座12公里的隧道仅用2分多钟，可以说只是一闪而过，但建设者们在此山艰难奋战了近四载。山里何时初见月，山月何时初见人？无尽的缠绵仍缭绕在大山深处，再回望一眼用身心构建的超级工程，赞誉与铭记，或许是对建设者最好的抚慰。

他们一直沿着高铁线路走，身后是闪亮的脚印和长长的光线。当阳光照耀在水关长城时，远远地，人们望见了刘建林背着老母亲再次踏上征程，奔赴下一个高铁建设工地。

啊，有情义、有担当、有作为的筑路人，迈开坚韧不拔的步子，以满腔的赤子情怀，将京张高铁精神继续发扬光大。正如与他并肩奋战的建设者谢崇志挥笔写下的豪迈诗句：

用热爱为激情圆梦
用才华与梦想结盟
唯有决心
才是走向成功的启蒙
唯有实力
才能抵达成功的高峰

路在脚下，既有线上打造『高铁跑道』

季夏时节，流金铄石。我到京张高铁二标段建设项目指挥部所在地昌平采访。

古诗云：“控海幽燕地，弯弓豪侠儿。秋山牧马处，朔塞用兵时。”昌平区位于北京西北部，自古为军事重镇，乃兵家必争之地，是北京的北大门，素有“京师之枕”“甲视诸州”之称。

指挥部就坐落在京张高铁昌平车站对面的一处院落里。京张高铁开通后，这里或许就要变成一大片站前广场。此时拔地而起的高大站房已现雏形，工人们正在紧张赶做内部与外部的装饰工程，施工现场不时传来“叮叮当当”的敲击声。

院子里只停放有几辆汽车，显得有些空旷。指挥部党工委副书记王国才笑着对我说，忙活热闹的时候过了，现在工程施工大部分进入了收尾阶段，正在为全线的联调联试做最后冲刺。

我独自在院子里溜达了一圈儿，然后望着院子里的几棵柿子树出神，发现粗细不一的枝条上都挂满了果实，只待这些青涩的柿子成为一盏盏小红灯笼，便是到了收获喜悦的季节。

昌平的柿子树很有名，记得诗人海子曾经写过一首名叫《昌平柿子树》的诗歌。昌平的柿子树也很家常，随处可见。田野沟壑间和村子的房前屋后，大多生长着一棵棵枝叶茂盛的柿子树，那低垂的树梢上结着累累硕果，令人憧憬红红火火的日子。

我禁不住联想到建设中的京张高铁，也应该像院子里丰收在望的柿子树一样，同样给人金秋的向往和期待。

既有线升级改造 不同于以往

在京张高铁中标建设的十多个标段中，中铁六局的二标段既有线改造占有较大比重。既有线是工程及技术部门的专业术语。已经通车正式运行的铁路线就叫既有线，既有线改造就是在原来轨道上的升级改造。

这是由于京张高铁与一般高铁有所不同，它的大部分路段都采用有砟轨道。此前我国早有时速350公里的高铁运营，但这些高铁轨道都属于无砟轨道。目前国内有砟轨道的铁路运营最高时速是250公里。而国外也只有法国有先例，运营时速是320公里。

京张高铁是世界上第一条设计时速350公里的有砟轨道高速铁路。为满足运营要求，设计部门还研发了用于部分路段的低强度道砟胶，以便有效固化道床，防止道床表面道砟飞溅，同时满足运营单位对养护、捣固维修的要求。

有砟轨道顾名思义是指枕木下具有作为路基的小块石头。传统的铁路轨道均是有砟轨道，通常由两条平行钢轨组成，钢轨固放在枕木上，下面铺垫小碎石道砟。道砟和枕木起到加大受力面、分散火车压力、辅助钢轨承重的诸多作用。

传统有砟轨道具有铺设简便、综合造价低廉的优点，但也存在易下陷、维修频繁、维修费用增大的缺点。在实际运行中，列车速度时常因路况变化受到一定限制。

王国才介绍说，由他们承担施工的新建京张铁路二标工程，主要施工范围为京张正线及北京枢纽配套工程，正线全长32公里。主要施工内容包括路基、桥梁、房建、轨道、隧道等专业的土建工程，除了电力、接触网电气化工程外，还包括信号、通信、信息的电务工程，涵盖京张高铁建设所涉及各领域、各专业施工，是京张高铁建设的缩影，也是

中铁六局的工人在昌平车站改造既有线路。
摄影 / 原瑞伦

“精品工程、智能京张”建设的重要组成部分。

除了既有线改造，其他工程概括为“147”，即1条隧道、4座车站改扩建、7座新建特大桥。其中南口隧道设计全长3 032米，2018年9月已贯通；京张高铁涉及黄土店站、昌平北站的改造已于2016年10月底开通；沙河站、昌平站改造工程正在紧张施工；7座特大桥累计全长14公里，沿出京方向依次为西二旗左线特大桥、西二旗右线特大桥、东北环疏解线特大桥、东北环改建线特大桥、邓庄河特大桥、昌平高架特大桥、南口高架特大桥。邓庄河特大桥已于2016年11月建成，彩河道口框架桥、南沙河单线框架大桥也相继建成。

在桥梁和隧道之间共有7段15公里路基，80余座中小桥涵，涉及京张正线、东北环疏解线、东北环改建线、京包改建线、京通改建线、京通疏解线、北京北动车所、沙河站、昌平站等6条线路3个车站。

听王国才讲述他们的繁杂工程，许多项目均在我的意料之外。他们承建的工程包罗万象，涉及铁路基建工程的全门类，打隧道、架桥梁、筑路基、铺钢轨……包括电务、电气等，样样都要拿得起做得好，这恐怕也正是老牌铁建劲旅的优势所在。

这么多工程项目分布在山水沟壑之间，我说：“我们回头再聊，还是先去现场看看吧！”

王国才现年40多岁，正值壮年，做事儿雷厉风行，他冲着窗外喊了一嗓子，他要叫上办公室的卢晨一同去工地。卢晨是个30岁的小伙子，人长得清瘦，一口标准的天津话，他应了一声“好嘛！”即刻发动汽车，拉上我俩奔赴施工现场。

汽车行驶过一段柏油路后，转向铁路路基旁的临时便道缓慢行走，土路变得坑洼不平，显然是载重汽车重复碾压的结果。我们乘坐的汽车颠簸得厉害，车轮下散落的石砟不时发出“咔滋咔滋”的声响，让人听着有点儿心疼这车。我注意到这是一台崭新的红旗HS5轿车，车内防尘的塑料膜还带着呢。

卢晨手握着方向盘左右转动着，尽量躲闪着路面的深坑和碎石，笑眯眯地说："这车是我花 20 多万刚买的，从天津开过来就成了公车，跑了好几回了，王书记一招呼我就得赶紧出发，说什么公车私车的，我人都是公家的人嘛。"

王国才呵呵一乐，笑着说："公车出去办公事还没回来，抓住谁就是谁了，在我们这儿是经常事儿，好在大伙儿都不计较。"

看得出来，他们相处融洽，大伙儿心往一处想，劲儿往一处使，遇事儿以工作需要为重，你想啊整天厮守着不分你我，有啥可计较的呢。平常大家都回不了家，每时每刻都在岗在位，工作都难分清班上班下、分内分外了，包括这交通工具。任务紧急时，问谁的车，打声招呼，抬脚上车就走。

等到卢晨停好车后，我们爬到一侧高高的路基上，视野中并排的 6 条轨道正在升级改造中，前方的路基一端堆积着大山般的小石子，这些就是高铁线路需要的特级石砟，我用手分别抓起几块儿大小均匀的石砟，凑近仔细观察一番，发现就像经过清洗一般洁净，形状尖利不规则，在阳光下泛着铁青色泽，呈现出坚硬的质感。蓦然联想到这些平凡的小小石砟将默默担负起不凡的使命，挺身托起"复兴号"飞驰的车轮，心中不禁赞叹它们的伟大，无愧来自巍峨的大山。

王国才手指着轨道说，根据修建京张高铁设计规划，由北京北站办理的市郊铁路 S2 线各次列车的始发终到将迁移至新建的黄土店站临时过渡。而昌平北站将接转原北京北站始发终到京包、京通等线客车。所有工程都由他们按时段完成，工期安排的时间表要分秒不差，早不得晚不得，紧急时让人没有喘息的时间，等待时急得人团团转。施工时不能影响火车安全通行，只能是在一侧先修一条临时辅路，利用"天窗"时间抓紧做轨道"搭桥"手术。然后对既有线做彻底的升级改造，等既有线升级改造好一段后，再利用“天窗”时间做“搭桥”手术，让火车回归到原轨道行驶。如此循环往复，一个时段、一个时段地连续衔接起来，就是既有线升级改造的全过程。

一般来说,不是铁路人很少知道“天窗”是啥意思。“天窗”是铁路术语，是指列车运行图中不铺画列车运行线或调整、抽减列车运行，为营业线施工和维修作业预留的时间。

当晚 8 点多钟，我在项目部二分部见到了党支部书记杨瑞。他现年 41 岁，我夸赞他是一条体格健壮的汉子，他乐呵呵地说，干的多是体力活儿，全是硬碰硬的钢轨石砟，不壮实不成啊！快到晚上 9 点了，他还没吃晚饭。他说他们施工主要是利用“天窗”时间，大约是夜间零点到四点，他说现在好在天热，虽然干活时汗流浃背的，还不至于像冬天那样流了汗，在返回的路上浑身冰凉，冷得人打哆嗦。

由于白天气温高，轨道上温度也高，所以一般在夜间温度会有所下降，更适合施工作业。就在许多人进入梦乡的时候，全体施工人员已经整装待命、列队点名、班前布置，然后奔赴施工地点。

施工车队默默穿越寂静的村落，偶尔惊起几声犬吠。到达目的地后，各就各位，如同将士潜伏在阵地前沿。等“天窗”钟点一到，大伙儿随着一声号令立刻冲上去。顿时机器轰鸣声一下子打破了夜色宁静，所有的照明灯具，包括坐地灯、手电筒同时发光，霎时间照亮和唤醒了沉睡的路基，忙碌紧张的身影在光束里变幻闪动，肆虐的蚊虫飞舞招摇，每个人的面孔和身姿都成为剪影。

在尘雾弥漫升腾的朦胧中，人与人的面容是模糊的，人与人的动作是联动的，混杂着石头与金属撞击迸发的火星、急促的喘息声、雄壮的号子声，长长的钢轨在撬杠、三角肌、胸大肌、肱二头肌的合力下移动。每个人都汗出如浆，每个人都全力以赴，谁若不慎碰破了手脚，简单包扎一下接着干，甚至都没顾上感觉疼痛。这时候争分夺秒，人的眼睛都布满了血丝儿，谁若稍有懈怠，小心屁股挨上一脚……磨蹭个啥？这是抢点施工，就像打仗抢占山头争夺制胜点一样，我们总不能让火车停下了等我们吧，必须保证火车正点通过，一秒钟也不可耽误。

我不止一次到过“天窗”施工现场，亲眼见过铁路大施工那种排山倒海般的气势和波澜壮阔的场景，那是一场依靠精神与肉体凝神聚力的大决战，光是站在一旁观战就令人甚为震撼和亢奋，心生敬意和感动。

“天窗”结束后，施工人员依然逗留在原地，他们要等待第一趟列车安全顺利通过，才算战斗结束。我在想当列车平稳地通过施工路段时，不知道车厢内的旅客是否能留意路旁站立的这群人，他们就像从战场厮杀下来的勇士，蓬头垢面，汗水浸衣，默默目送着列车远去。

仰望星空，斗转参横，东方欲晓，杨瑞一挥手，得嘞，收兵回营。明晚还这个点儿，谁也别当怂包，接着干！

不难预见，明天晚上又是一场鏖战。

次日上午，在项目指挥部工作室，我采访了41岁的高级工程师孙福洋，他毕业于长沙铁道学院铁道工程专业，学以致用，多年来从事铁路工程建设。

在与他的交谈中，能感觉到知识分子的沉稳与严谨，或许还有少许的孤傲。在他的工作台上我看见他们撰写的工程施工总结，整册387页，图文并茂，表格规范，从最初的施工便道、电力线路、给水干线管路、生产及生活房屋、中心试验室、钢筋加工场到既有线改造、隧道、桥梁工程工艺标准等，事无巨细，一丝不苟，数据详尽……碍于文字繁多，一时难以细看，我只是粗略浏览一遍，只把关注重点聚焦在路基工程上。

孙福洋对我解释说，工程的难点是施工组织繁杂、风险防控敏感，概括起来为“258”，即20公里线路、5大铁路区间、8个重要工点。其中共计20公里的既有线改造，是在不影响列车正常运行情况下进行施工，行业内称这类施工为“刀尖上的舞蹈”，施工组织难度和安全风险极大。

从清河站至八达岭站，连接车站的 5 大铁路区间线路等级标准的提高、运营设备的升级、运输系统的配套等施工技术复杂、设备升级配套繁杂。标段内的 8 个重要工点各有难点：南口隧道位于老京包铁路最复杂的地质带上，最大埋深 340 米，岩石风化较为强烈，岩体结构稳定性差，地质复杂、涌水量大；南口高架特大桥处于山前地形，地势起伏较大、地形复杂、地质情况差异大，桥墩最高超过 29 米，且全部为现浇梁；西二旗左线特大桥跨越地铁 13 号线、毗邻地铁昌平线，施工过程中存在诸多潜在风险；沙河到昌平区间要经历四步过渡改造施工，营业线改造工程量大、点多且分散，施工安全风险高。

这里的京张高铁既有线升级改造与以往不同，几乎是从头开始。不！应该是难度更大。通常情况下，以前的既有线在夯实路基后，铺设道砟、轨枕、钢轨即可。现在要先在路基下进行加固处理，根据地质需要，部分段路堤采用 CFG 桩加固。CFG 桩加固段路桩径 0.5 米，桩底至硬底顶面，桩间距 2 米，采用正方形布置，桩长 15~19 米。不难想象，路基犹如扎下的根系一般，或者说路基就像是隐形的高架桥，立桩就如同埋在地下的桥墩。

孙福洋说，京张高铁既有线改造升级只是利用原来的位置，其他的基本用不上，原来的路基上都要清除干净重新填充，现在的土石方就需要 290.8 万立方米，整个工程量也随之剧增。

工程实施过程中，他们在创新智能建设方面同样亮点纷呈：

采用视频综合监控系统对施工各流程环节全过程监管。实施既有线视频监控系统、既有线施工防侵限红外线对射报警系统、既有线沉降观测系统、大型机械 360 度全方位倒车雷达监控系统、轨枕硬隔离防护系统，有效保证了行车安全和施工安全。

运用二维码技术实现对全要素溯源管理。从原材料、作业人员、方案、技术交底、设备等多方面标识跟踪，现场的路基、桥梁等建筑产品都有自己的身份证、体检表。

在路基施工中采用了卫星定位系统的路基连续压实技术、核心土机械夯实等；在隧道施工中采用了智能门禁系统、智能人员安全定位系统、智能视频监控系统、二衬混凝土滑槽逐窗分层浇筑带模注浆、全自动液压仰拱栈桥和仰拱模板一体化、防水板铺挂半自动台车、二衬喷淋养护台车、水沟电缆槽一体化台车等；在桥梁施工中，创新发明了墩身自动喷淋养护系统，以及现浇梁光伏自动化喷淋养护系统；采用了自动张拉系统、模板纵移系统，采用BIM技术，实现桥隧工程整体三维信息模型的建立，以及可视化展示、重点结构碰撞检测、工程量计算、三维技术交底等功能，把精品工程与智能管理融为一体，全面提升施工生产现代化水平。

我在工程现场可以感受到，工程建设者锁定“精品工程、智能京张”建设目标，打造中国智能高铁的意志和决心。他们有12项工程纳入精品工程项目清单，涵盖标段内的路基、桥梁、隧道、房建、站场等专业工程。

孙福洋说，干任何工程都别想投机取巧，因为工程质量是会找后账的。即使能糊弄一时也糊弄不了长久，京张高铁是精品工程，粗活儿也要细干，一定要经得起时间的考验。

用他的话说，每个工程都应该是建设者的丰碑。

每一条曲线取直的背后

在项目部食堂吃早饭时，我与项目部党工委书记栗庆云、项目指挥长韩士桥凑在一张餐桌上，可谓三句话不离本行，不经意间话题又转到京张高铁工程上。他们说工程先期的征拆工作是最棘手的难题，说起来就五味杂陈。之前，我在其他标段采访时也听到过类似喟叹，但他们标段所遇见的拆迁情况还是较为复杂和突出的。

他们项目部承建的京张工程征拆难度之大居全线之首，共计 35.6 公里线路，其中 32.6 公里跨越北京市两区 3 企 8 镇（街）23 个村庄，沿线厂企密集，城乡接合部情况复杂，“穿林海”77 万多棵树木、“迁坟场”1 622 座、“跨非宅”17 万平方米。

从拆迁工作量上看，仅迁坟数量就够大伙儿忙碌一通了，各家都有一本难算的账，更别说遇上个“钉子户”，非叫你说破嘴跑断腿不可。

他们刚一进场，发现拆迁任务艰巨，超出想象，整个过程始终贯穿着一个字——难。有的村民受利益驱使，挪动一个破猪圈就敢和你开价几万元；仅两天时间，房顶上就能架起二层小楼；一夜之间，田边地角上就栽满了小树……那都是想要算钱的啊！谁要想动一动，没二话，拿钱来！

虽然当地政府都有相应的政策，但是政策与对策之间的博弈一直是个挠头耗时的事情。前年，山西太原的文友成龙就写了一篇小说名叫《高铁穿越煤窑村》，作品真实反映了修建高铁涉及拆迁的社会现象，他用第一人称娓娓道来，惟妙惟肖地向世人展现“我”作为“征拆部部长”被小煤矿老板保镖打断双腿的故事情节。小说之所以荣获了“赵树理文学奖”，除了有较高的写作技巧与文学品位，更是因为作品来源于真实的生活，生动揭示了现实社会中的热点问题。

现实生活中，拆迁意味着什么？极易诱发人性的欲望膨胀，不同的人群怀揣不同的心理，也有着不同的诉求、不同的期许。可以说在某种程度上，拆迁算得上是人性的一次大暴露，也是社会矛盾的一个触发点。

显而易见，当年修建老京张铁路时，摆在詹天佑等人面前的不仅有地理环境方面的险阻，更有着社会文化层面的障碍。当年有许多坟地和忌讳都是要绕道而行的，所以说每条曲线的背后都隐藏着一个故事。

京张铁路正线自丰台柳村起，一路向北，经广安门、阜成门，通过倚虹堂，也就是如今的北京展览馆一带时，又不得不采用曲线方式向前。

之所以如此规避，是因为倚虹堂位于北京西直门外高梁桥附近，是清代的码头行宫。清末西太后常由倚虹堂船坞乘船前往颐和园。京张铁路原定线路所经之处要跨越一条御河。当年常有三层楼高的御船要从这条河上通过，先不论当时修建如此高的桥梁有相当难度，若让铁路从自己尊贵的头顶越过，御船上的清廷统治者首先就不能接受。詹天佑别无选择，京张铁路只能拐个弯儿，原西直门站也就是如今的北京北站，就坐落到了今天的位置。

那么，时光的车轮跑过了一百多年行程后，今天我们在建京张高铁的时候，为了提高运行速度，每一次曲线取直的背后是否也同样隐藏着一个故事呢?

当然，新时代不乏故事。项目党工委书记栗庆云说，面对空前巨大的征拆难度，项目部只有迎难而上。在京张公司和地方政府的支持下，他们成立了由主要领导牵头的20人征拆推进工作组，签订征拆目标责任状，明确征拆工作职责，形成了“分工协作，相互配合，齐抓共管”的征拆工作格局。

他们先后走街串巷达5 000余户次，参加各种联席会议上百次，拜访所有厂矿企业、走进每家每户，就凭着“踏破一双鞋底、磨破一张嘴皮”的耐心和韧劲儿，用心调解各类矛盾纠纷，妥善解决征拆中的各类矛盾纠纷，使征拆工作快速打开良好局面。

栗书记说，眼瞅着拆迁耽搁时间，能不急眼吗？工期是早就定好的，再说了，到时候开不了工，每天1 000多人窝在那儿，损失的产值不仅是金钱所能衡量的，工程是有节点的，真等不起啊！

常言说，人心齐，泰山移；上下同心，其利断金。重要的是依靠群众，动员群众，发挥广大员工的积极性。各项目分部不等不靠，想方设法，分散下去，参与到拆迁工作当中。一次上门协调不成，就两次、三次、四次……既打政策牌，也打感情牌，一直坚持下去，直到感动了对方。想起毛主席当年在延安发表的《愚公移山》所言：“我们一定要坚持下去，一定要不断地工作，我们也会感动上帝的。这个上帝不是别人，就是全中国的人民大众……”“在拆迁现场，我们要站在大多数拆迁户的角度，用自己的真挚感动上帝，我们的上帝就是那些拆迁户。”

我在基层工程施工队采访时，从员工们口中听到许多令人动容的拆迁故事。

有基层干部对我说，您就想吧，能有啥好办法呢？那只有温情拆迁，以情感化人心。为了督促户主尽快拆迁，他们积极派人派车出工出力。发现有住户尽管同意拆迁，却苦于一时无处安置物品，他们就主动为住

西直门老站与北京北站新站交相融合，两站相隔 110 余年。

户提供临时存放处；有住户想妥善保留房顶瓦片，他们不怕麻烦，小心翼翼一片一片地将瓦片取下，令住户非常感激。

尤其涉及村民迁坟大事，更要设身处地想人所想。中国人历来对祖坟迁移看得很重，以往谁要敢动人家祖坟，那是要拼命的事情。个别人受封建迷信思想影响，甚至唯心地认为坟墓既是安葬祖先的阴宅，也关乎荫泽后世子孙，一旦迁移非同小可。既怕对祖辈有冒犯，更怕被人指责不孝。这时候就需要耐心劝说，以情动人。有一户人家，昨天说好了今天迁坟，结果今天工程队派人去协助，却说今天按黄历不宜迁坟安葬，明天再迁；明天去了又推后天，那么后天就再去，并且买上纸钱祭品，说是跟户主家人一起祭奠，终于感动了这户人家，不好意思再推迟了。人家对着坟头下跪磕头，工程队的人也跟着下跪磕头。大家也想明白了，为了修建铁路造福后人，恭请故去的先辈们让路，难道不应该从内心里表达自己的虔诚和敬意吗?

我听一位参与过迁坟的中年员工说，当时的氛围没觉得难为情啥的，更没觉得心里委屈，将心比心嘛。我们这一辈人也只是对爷爷奶奶有些印象，再往上数的老辈人就没见过面，甚至连名字都不知道，能有啥记忆呢? 就是迁坟都找不到骨殖啥的。想想不曾谋面还要打扰他们，真是该好好告慰安抚一下。他说那天他不由自主地跟着众人后面跪下来，竟有止不住的眼泪夺眶而出。当然最受感动的还是那些拆迁户了，他们流着眼泪表示感谢。换位想想大家真是不容易，修建高铁本是利国利民的大事，说起来还真是难为这些修路的人呢。

尽管过程曲折艰难，结局毕竟欣慰圆满。有位爱好文学的老员工对我说："等哪天我好好给您提供些拆迁的素材，还有许多令人唏嘘的事例，都是有助于文学创造的好故事，说不定您也能写出一篇触动人心的好小说呢。"

『四步过渡』与『庖丁解牛』

我一来就听项目指挥部党工委副书记王国才说，昌平站及站内股道也属于既有线升级改造的一部分，而且还是既有线升级改造的重头戏，所以执意要他陪我到昌平站区探访一番。

“重门天险设居庸，百二山河势转雄。”站立在昌平站的站台上临风望远，不免思接千载，生发思古幽情。王国才向我介绍说，新建昌平站设计理念紧扣“古韵雄关”主题，应用严谨的对称式构图，建筑形体隐约与汉字中的“平”字相吻合，取“盛世太平”之意，追求中正、平和、安定的天人合一境界。

我脱口称赞道：“好！古韵雄关，昌盛太平，立意深邃美好。”

这些深邃美好的立意背后，是建设者披星戴月的辛勤付出，是建设者心血汗水的浇筑凝结，也是昌平站历史与现实的融会。

我了解到，昌平站扩建成高铁站之前，有大量的线路急需提前改造好。在京张高铁的新建车站中，只有昌平站是在不中断车站运输的前提下，分步骤分阶段对既有线路、站场、通信信号设备进行同步升级改造的，工程的难点就是夹缝中施工。

昌平站位于昌平区西南位置较偏僻的马池口乡，如果寻根溯源，百年前的昌平车站还是个四等小站。在建站之初，昌平车站只是个仅有两股道的四等小站，站名与现在有所区别，称为“昌平县车站”。新中国成立后，1950年经铁道部核定为昌平站，是京包铁路和京通铁路上的三等火车站。

如今京张高铁途经昌平，为昌平站升级改造带来新的契机。昌平站从而实现从“三等小站”到“古韵雄关”的华丽转身，同时也意味着前期的线路改造面临新的挑战。

王国才告诉我说，昌平站改造也包括沙河站改造，需要在保证既有线S2线、军运、专用线正常运输的情况下，对车站咽喉区和股道进行平面改造的同时，按设计规模进行全面立体改造，受干扰程度和施工难度极大。他随口说出一连串儿改造工程，有昌平北站改扩建、新建黄土店站临时客场工程、新建京通改建线及京通京包联络线、新建东北疏解线及便线工程等，有效工期仅为3个月时间，并且要利用铁路运输允许的时间段，打好一场场“突击战”或“游击战”。这就要求建设者以缜密周全的谋划和攻坚克难的实力，创造出闪电般的工程传奇。

以王国才的说法，一系列脱胎换骨的站场改造，他们运用“四步过渡”与“庖丁解牛”加以应对。所谓“四步过渡”是步骤，所谓“庖丁解牛”是手法。“四步过渡”好理解，就是说工程分为四个阶段。“庖丁解牛”引自历史典故，比喻经过反复实践，掌握了事物的客观规律，做事得心应手，运用自如，以竟全功。

集结号一吹响，对既有线路、站场、通信信号设备同步升级改造的攻坚战随即展开。在“腾线位”阶段，他们修建京包改建线、新建车站信号楼、新建生产生活房屋，为昌平站升级改造腾出线位。在“调运输”阶段，他们开通了京包改建线、京通改建线、京通京包联络线，启用昌平站信号楼及七间房线路所。在“倒边干”阶段，他们利用东半场股道为运营线，通过线路拨接、计算机联锁改造，开通站内客、货运股道，完成昌平站西半场升级改造，为昌平站东半场施工奠定基础。

2019 年 5 月 15 日零时大决战开始。其实这样的“天窗”之战已经重复过多次了，紧张激烈的场景无需再重现。此次只为最后一次拼搏，涉及拆除既有道岔两组、插入新道岔两组、计算机联锁设备开通等。全线 800 余名员工挥汗如雨，施工现场热火朝天，历时 4 时 30 分钟艰苦夜战，他们迎着黎明的曙光，终于夺取了京张高铁昌平站改造工程四步过渡的全胜。

昌平站成为京张高铁首个线路设备开通运行的车站。我在车站施工现场采访时，听技术人员用他们挂在口头上的行话术语，如数家珍般地一通叙述，尤其是线路股道之间的来回倒腾，工序之间配合衔接，把我听得一头雾水。

我索性就跳将出来，把施工现场看作一个大舞台，各个工种齐上台，各自扮演各自的角色，生旦净末，唱念做打，闪转腾挪……上演了一场分外默契的精彩大剧，只是现场没有一位是观众。

按照最新规划，昌平站改造完成后，设到发线 8 条，岛式中间高站台 2 座，在车站东侧布置站房并设置宽 10 米的旅客地道，以便连通站房与站台，这在昌平建站历史上规模还是空前的。

京张铁路通车初期，并未在昌平设站，这里只不过是沙河至南口区间中的一段正线而已。1915 年，因南口至西直门间车次增加，而沙河至南口区间距离略远，为方便列车交错，提高运输效率，故添设此站。20 世纪 70 年代末，京通铁路开通，起点设于昌平站老站房前，此后昌平站成为北京铁路的枢纽环节。1994 年，昌平站接入一条水泥厂的专用线，再次扩建站场。

随后，我在王国才等人的带领下，专程到新建昌平站的后身探访那座老站房的遗存，发现今天的昌平站果真是一个华丽转身。那座深红色的老站房遗存就坐落在二站台的一侧，如果不是经人现场指认，我绝对轻易辨认不出。举目望去，在昌平站房的高大背景下，原本低矮的老站房愈发显得低矮，就好像一处不起眼的杂物间。近看细节处，还能依稀可辨岁月的隐约痕迹，站房一侧的悬鱼部分尚存。悬鱼典出《后汉书·羊续传》，大多用木板雕刻而成，安装于博风板的正中，垂于正脊，这正是京张铁路附属建筑中常见的装饰物。

联调联试高速综合检测列车停靠在昌平站。

摄影／李忠民

在北京著名的798映画廊，曾成功举办过“我的京张铁路——王嵬田野考察影像展”。近些年来，青年文化学者王嵬执着于京张铁路历史考察，研究成果颇丰。从他收集的一张摄于日伪时期的老照片上，我看到了日寇停留在轨道上的铁甲车。照片的背景墙上能隐约看到“昌平县车站”的繁体字站匾，这与京张铁路当年站房的格局极为吻合。

我打量了一下前方的股道，应该正对当年老站房站匾的位置。这条股道应该是当年日寇铁甲车停留的位置。如今这里的股道全部经过升级改造，刚开通运营的京张高铁要有6个车次从这里驶过。这里的铁道线三番四复，经历了日异月殊的百年巨变，见证了多少驱动历史的车轮，以及车轮所承载的掠夺、屈辱、抗争、奋进和豪迈。

在这里，历史的天空鸟飞过无迹，历史的大地车碾过有痕……

既有线路上的“地面隧道”

春天的脚步一迈进4月，就到了人间最美季节了。踏青的游人们出了家门，有翩翩少女从身边走过，口中吟咏林徽因著名的诗句：“我说你是人间的四月天，笑声点亮了四面风，轻灵在春的光艳中交舞着变……”

由智广可没这份闲情逸致，春天的脚步越走越近了，他的心情却愈发紧迫起来，各种各样杂乱的问题都需要他这个项目经理亲力亲为。

这个忙起来的人不由自主，就像一直旋转的陀螺受惯性影响，总也停不下来。手头的京张高铁工程进入最后的冲刺阶段，他在工地现场向记者介绍工程情况时，手机就一直响个不停，真有点儿应接不暇。

由他们承建的京张高铁全封闭、半封闭声屏障工程，是国内首次采用现场浇筑混凝土框架结构的声屏障工程。构建全线通廊式景观工程也是京张高铁“精品工程”的重要组成部分。

近年来，由智广带着一支专业化的声屏障施工团队转战大江南北，参建过众多类似的工程项目。他对专业内的事儿还是自信满满，他是希望使用钢结构，那是他们所擅长的，而且工厂化程度高，施工难度也能降低不少。

通过专家论证，京张高铁声屏障工程西二旗、保利罗兰、清华大学段施工，全部采用混凝土现浇方式。这不是由智广期待的方案，尽管他已有了充分思想准备，内心还是感到有些失落。当然，对于专家们关于使用寿命和维护成本方面的看法，他也是完全认同的。一般钢结构声屏障外表层采用镀锌防腐，防腐寿命不超过 20 年。京张高铁封闭式声屏障采用现浇混凝土结构，不会受到紫外线、酸性腐蚀等环境影响，结实耐用、免维护，同时混凝土结构比钢结构形式造价节省大约 30%。

2018 年 5 月，由智广刚带人拿到图纸后就到现场查看，热切的心一下子就凉了半截——施工场地条件太差了，根本无法开辟施工便道，3 个工点各有各的受限处。这活儿可咋干啊？这活儿该咋办还得咋办！

“办法总比困难多。大伙儿凑在一起，因地制宜，反复设计比选施工方案，最终在 3 个工点制定了 3 套不同的施工方案。”由智广和大伙儿心里都清楚，开弓没有回头箭，建设京张高铁不讲条件，也没条件可讲，没条件就得创造条件。

一阵紧锣密鼓之下，一番拓疆辟土之后，2018 年 8 月 31 日，位于京张高铁沿线西二旗智学苑小区右侧的半封闭声屏障工程桩基钻下了第一孔桩，标志着京张高铁声屏障工程施工正式拉开帷幕。

自进场以来，他们对所涉及直立式、半封闭式、全封闭式三种类型 44 555 延米的工作量进行了调查，在全线 68 个工点中，唯独处于北京城区的三处全、半封闭声屏障，让由智广分外揪心。

京张高铁在这些区域设置了混凝土框架结构封闭式声屏障，长度总计 2.43 公里，分别是清华大学汽车研究所与紫金公寓 830 米、昌平区保利小区 600 米、西二旗智学苑小区 1 000 米。高铁运行时轮轨摩擦、车体与空气摩擦会产生噪声，为了不影响附近高校师生和居民的正常学习、生活，通过安装声屏障，以隔音和吸音材料降低、削弱高铁运行时的噪声音频和分贝数，用专家的话说“就好像把切割金属的尖锐声响变成撕破纸张的声响”。

这段封闭式声屏障是国内首次采用现场浇筑混凝土框架结构、上跨既有线施工的声屏障，被列为京张高铁施工安全关键性工程。相当于在高铁线路上加盖了一座“地面隧道”。

工程困扰他们的主要有几个方面：北京寸土寸金，尤其是城区，几乎都是在脚底下干活。就这么大点儿场地，还要动用大型机械、搭满堂架，木工棚、钢筋棚一个都不能少。旁边不是地铁就是公路，不但施展不开，还总跟兄弟施工单位“交叉打架”，稍不留神就可能殃及他人。最关键的是感到了肩上的重量。在此之前，混凝土结构的“地面隧道”是兰新高铁防大风沙的，规格还小些。像京张高铁这么大体积的混凝土结构声屏障在全路还是第一次使用，别人没干过，他由智广肯定也是第一次干。

由智广心说，第一次干，就要干好，干出第一。

然而，预料中的问题还是不请自来、接踵而至。不是路口道路被占用了，就是跟兄弟施工单位为了场地扯皮纠缠。实在无他法，只能把加工棚一次一次腾挪，就像是“大象在盘子里跳舞”，必须加上十万分小心。为了缓解“矛盾冲突”，由智广带领团队集思广益，再一次次优化施工方案，见缝插针多开作业面，让“交叉干扰”变成“交响合奏”。

顾此不能失彼。西二旗工点和北京地铁 13 号线仅一条铁丝网之隔，一边是高达 20 多米隆隆作响的钻孔机械，一边是如穿梭般满载乘客堪称北京最繁忙的地铁线路。在这种情况下，他们如果不预设完备的施工方案，随时都有被管理部门叫停的可能。机械侧倾、沟槽排水、路基沉降、夜间施工全都成为研究和探讨的重点。

为了提高工效，工地上循环钻、旋挖钻、高压旋喷钻轮番上场。用由智广的话说：“我几乎研究了所有的钻孔装置，能用的机械都试过了！”他们最终选择了不扰民、噪声极小的长螺旋式钻孔。

总算打开了局面，由智广还没顾上喘上一口气呢，严冬又倏忽而至。

冬季混凝土浇筑施工的后期养护至关重要。想要把一个高 15 米、宽 12 米、长 100 多米、体积超过 18 000 立方米的建筑空间，隔绝寒冬、内部始终保持在 5~15 摄氏度，谈何容易！

这么大一个“保温棚”靠什么来保温呢？

常言说：隔行如隔山。那么，隔山就得想法儿翻山过去。以往由智广他们做钢结构还真没考虑过冬季施工保温的事儿。在人们看来，“外捂内烘”是基本的方法，用防火棉被来“捂”，虽然成本高点儿，但是安全。可是里面怎么“烘”？燃煤污染显然不允许，热风炮热能力不足，燃油热泵不安全，到底该采取什么保暖方案？

眼瞅着树梢的树叶儿落光了，天气一天天转冷，据天气预报说今冬要突破 10 年极值，达到零下 16 摄氏度。由智广心里却有些冒火。经过一番奔波问计，跟几个搞土建的兄弟单位进行讨教后，由智广不但弄清了混凝土浇筑、养护的技巧，还“淘”到了一件“宝贝”——空气热源泵。这个泵效率高、性能稳定，关键是适用于大体积环境的保温。

有了制胜法宝，就有了实施方案。《封闭式声屏障冬季施工方案》最终通过京张公司及监理的审批，1 月 4 日，项目部在清华大学区段一次性浇筑 140 立方米 41 延米，实现了首段成功封顶。

过了冬至，数九腊月，北京进入一年中最寒冷的时节，而京张高铁声屏障工程冬季施工如火如荼，就因为混凝土的养护和保温有了充分保障。

声屏障全半封闭技术负责人王艳光检查施工现场，他一边查看着，一边嘴里不停地吩咐：“注意暖棚周围，把棉被盖严实了！”负责记录温棚内温度的李师傅气喘吁吁跑过来说：“王工，空气热源泵坏了，出风口都是凉风。我已通知了厂家售后来抢修，可暖棚里温度直往下掉，恐怕坚持不了多久啊！”

“现在是 8 度。”王艳光测量一下棚温说，“咱们的暖棚体积有 2 万多立方，停止供暖的话，温度每小时大概会下降 1 度，不能跌破 5 度的安全警戒线。我们只有两小时的抢修时间。”

这时候，几个“门外汉”正围着空气源热泵设备急得团团转，能检查的部位都查到了，就是没查出症结在哪儿。随着时间的推移，王艳光的心里也逐渐焦急起来。

一个小时过去了，暖棚温度在慢慢向 6 摄氏度靠拢……

有人提议说：“咱们可以支几个火炉来应急，以前没有用空气源热泵和燃油暖风的时候，不都是这么干吗？”

“不行，你这是馊主意！忘了咱们这是在哪儿干活儿么？北京不允许动用明火你不清楚？坚决不能踩红线！”王艳光口气严厉。

“不能再等，现在启动备用方案，赶快上燃油暖风机！”王艳光当机立断，几人闻声七手八脚把暖风机抬出来装好发动起来。

王艳光当然知道，这暖风机功率远比不上空气热源泵，只能暂时缓冲降温的速度，但在空气热源泵修复前，必须时刻保证混凝土浇筑的养护温度，一分一秒都不能打折扣。

与此同时，他提前安排汽车到西二旗地铁站迎接专业维修人员，很快使得紧急状况有了转机。专业维修人员到达后，终于查到了故障的原因，原来是破裂的压缩机吸排气阀片儿在捣鬼。

空气热源泵故障被排除了。7……8……9……伴随着温度计红线逐渐爬升，大伙儿心头的温度也在上升。

转眼间已是春寒料峭，工地上鏖战正酣。大约下午三点，忙得忘了吃午饭的张宏龙，突然感觉饿。到驻地伙房抓起一个馒头就啃，还没啃上几口呢，手机铃响了，他赶紧接听：“张总，保利桩打不下去了，地下 5 米深处有大石块，您快来看看该怎么办吧！”

张宏龙是项目部的副经理，接到电话心里“咯噔”一下，但立刻意识到要镇静应对，他吩咐道：“你们先暂停桩机作业，做好安全防护，我马上就到！”

现场的情况比他想象得更复杂，他皱着眉头思忖解决办法：5米多深已经超出正常基坑开挖深度，属于深基坑施工了，可工程要求不能降低标准，桩该打多深就得打多深，一分一厘也不能少。桩基距离火车轨道仅有5米距离，不太具备展开作业的条件，这可怎么办呢？

他吩咐现场员工说：“你们先打下一根桩，我先和马总、贺工他们研究一下。”

随后，他拨通了设计人员的电话：“马总，保利区段383/A轴桩打到5米深处打不下去了，施工范围又距离火车轨道太近，现场开挖可能影响路基稳定危及行车安全，您遇到过类似情况吗？”

“临近施工没有遇到过，地勘报告里显示这一块为粉质黏土层，应该不会有特殊情况啊！”马总惊讶地说，“你先想想办法，查一下桩基施工遇到类似情况是怎么做的。”

张宏龙又转头问了身后的贺工程师：“你们以前遇到过类似情况吗？有什么好的方法和建议咱们讨论讨论。”

其实，张宏龙在提出讨论之前，心里已成形了初步方案，见大伙儿没有更好的建议，就直接说：“我以前做过人工沉井项目，不知道现在可不可以？”

“人工沉井是什么？听起来就有些玄乎，而且我们这边从来没有采用过，没有经验，万一有风险怎么办？”

“人工沉井就是先在地表制作一个高1.5米、内径0.8米的圆形混凝土井，然后在井壁的围护下，通过从井内不断挖土，使沉井在自重作用下逐渐下沉，当井沉入地下后再浇筑1.5米高混凝土井，凝固后再用人工从井内不断挖土，之后重复这样的工序，我敢担保绝对不会有啥风险。”

“那要施工多久？工期赶不上，耽误了工程验收怎么办？”站在一旁的监理工程师问道。

“不用多久，直至开挖到石头所在位置处就行，接着清理出石头等障碍物，然后用机械正常成孔至设计高度就完成了。”

张宏龙结合以往的施工经验，耐心地与现场施工队长和监理工程师解释，最终获得一致赞同，大伙儿认为这倒是个两全其美的好法子。

他立刻付诸实践，按照他的沉井施工方案，现场施工分步骤按工序进行。获得了预期成效，成功清除了地下的大石头，那根停滞的立桩又重新打了下去。

张宏龙呼出一口气，一屁股坐在地上，心中的大石头也跟着落地了。

与此同时，保利罗兰香谷小区东侧的声屏障施工现场一派热火朝天。这段封闭式声屏障总长 600 米，位于沙河站内，上跨既有的京包线地段施工，跨度为 20.2 米，特殊地段还上跨沙河站区到发线，跨度达到 25.2 米，工程量不小。

他们集中智慧想对策，将 160 人分成 6 个班组同时作业。一个流水段 36 延米主结构的满堂脚手架搭设、框架柱绑筋、主框架梁绑筋、顶板支模、顶板绑筋的工作量，一天下来即可完成。

全体参建员工同心协力，一鼓作气攻坚克难。2019 年 5 月 21 日，京张高铁国内首个封闭式声屏障主体工程全部完工。

随后吸声墙等外部装修工程就是锦上添花了。其间充分融入了百年京张铁路文化元素，外观采用传统的灰砖和拱窗，与老清华园车站的风格互为关照，交相辉映，构成了一条自然生态与人文生态完美结合的地上长廊。无论近观或者远望，都堪称首都城区一道美丽的风景线。

京张高铁开通了！我坐在车上看着窗外的封闭式声屏障，仿佛列车行驶在寂静整洁的街市中，两侧依次闪过古色古香的街道外墙、门窗……如果您就在附近居住或由此路过，能隐约感觉到列车就在“地面隧道”中穿行，只是不见其影难闻其声，请为全封闭声屏障点个赞……

无翼而飞，为京张高铁插上隐形翅膀

1909
1910
1911
1912
1913
1914
1915
1916
1917
1918
……
2010
2011
2012
2013
2014
2015
2016
2017
2018
2019

人在车上，车在路上，车窗就像风景变幻的镜框，沿途的水光山色、风土人情，仿佛都能以美展的形式叠映出来。

我乘坐的列车行驶在通向怀来的轨道上。窗外的山水、城镇、村寨不时闪过，心想这两地、两人之间的联系不正是建立在道路之上吗？从远古的土路、山路到现代的高速铁路、高速公路，似乎每一寸路都跳动着生命的脉搏，流通着鲜活的血液。因此，我们通常将交通运输线称作国家命脉。

我沉浸在无限遐想中，旋转的车轮已穿越了高山峡谷，眼前呈现出一片辽阔的原野，有一种令人猝不及防的豁然开朗。列车播音员嗓音甜甜地报出了站名——沙城站到了，到站的旅客请准备下车。因为之前的怀来县城就移在了沙城镇，所以我们在铁路订票网站找不到怀来站名，就像怀来县被沙城镇掩盖了似的。当地民众内心早已充满了期待，就等京张高铁开通的一刻，新建的怀来站惊艳问世。

记得我从北京出发时，分明是个溽热的天气，到了怀来竟然迎来一丝细雨清风。骤然想起元代诗人刘秉忠的绝句：“居庸春色限燕台，山杏凝寒花未开。驿马萧萧云日晚，一川风雨过怀来。”

鸡鸣古驿筑战台，官厅碧水云天开。畅想飞龙生神翼，凯风翩翩入怀来。乘着诗兴，我也随口吟上几句，权当向怀来报到。多少次路过此地，都未曾下车造访，我是想告诉怀来，我来了。

说来也神，转眼之间风吹云散，远天竟出现了一抹彩虹。怀来不愧为兵家斗智斗勇的古战场，真是个风云莫测的地方。

这次怀来之行，我是去中铁电气化局京张高铁怀来项目部。一踏进大门就发觉这里的工作环境非常整洁，出人意料又在意想之中。

仅凭以往的认知，所谓电气化局，给人的印象总是抽象的，譬如说电流、电压、无线信号，肯定是看不见摸不着，即使摸得着也是不敢轻易触摸的。

我曾有过被低压电流轻微击中的经历，那是一种不可名状的麻痛感觉。电气化的有形与无形，出神入化，在我的想象里就像幽灵一样缥缈闪烁不定，无影无踪，使人难以捕捉到准确的意象。

正巧，一位青年员工与我擦肩而过，就在他走出了门口的一刻，我的耳边传来他的歌声：“……我知道我一直有双隐形的翅膀，带我飞给我希望……隐形的翅膀让梦恒久比天长，留一个愿望让自己想象……”

我一拍脑袋，顿时恍然大悟。对啊，飞翔的高铁，都有一双隐形的翅膀，他们不正是一群给高铁插上隐形翅膀的人吗？

“四电”一项都不能少

电是什么形状？电是灵感的化身吗？

我长时间驻足在电气化项目部的门口，发现前面还有“四电系统集成工程”几个大字，凝视着“四电”二字，久思不得其解。

基本常识告诉我，“四电”肯定与电有关。而电是一种自然现象，指电荷运动所带来的现象。自然界的闪电就是电的一种现象，在大自然里，除了闪电，还有摩擦起电、静电感应、电磁感应等。

尽管先期的科学家经历了艰辛的探索，直到1831年，英国的法拉第才造出了世界上第一台发电机。随后的1866年，德国人西门子制成了世界上第一台工业用发电机。正是电机工程学的进步，把电带进了工业和家庭之中，并逐步应用于交通、取暖、照明、电信、计算等领域。

历史的车轮行驶到了21世纪，现代工业社会的发展仍旧依赖着电能的开发。相信在可预见的未来，电能必是绿色科技当之无愧的主角之一。

眼下的“四电”又为何物呢？

指挥部党工委副书记周湘民对我说，铁路“四电”是指通信工程、信号工程、电力工程和电气化工程。

“四电”是新时代的高铁标配。

火车的蒸汽时代不用说“四电”，恐怕“一电”也没有呢，那还是用煤油灯做信号灯、人工扳道岔的年代。我曾在铁道博物馆见到一盏英国伯明翰生产的“太阳”商标煤油信号灯，是1904年胶济铁路建成通车时使用过的。就是在今天有些铁路支线或企业的专用线上，还能不时看到人工扳道岔的场景。

中铁电气化局的工人在八达岭长城站紧张地架线。

摄影 / 原瑞伦

伴随着电气化时代的到来，铁路上空架设供电

电缆，电力机车通过车顶升起的受电弓从供电电缆上获取电能，从而驱动电动机行驶。动力牵引、道岔转换、信号、通信、指挥调度系统、安全运行，“四电”系统集成工程应运而生。

周湘民介绍说，中铁电气化局从 1958 年我国建设第一条电气化铁路宝成铁路起步，60 多年栉风沐雨，60 多年砥砺前行，创造过多项新中国建设记录。我国 70%的普速电气化铁路、超 60%的高速电气化铁路，以及 90%的城市轨道交通工程都是他们建成的，可谓屡建功勋。

他说，中铁电气化局作为中国电气化铁路建设的领跑者，承建京张高铁这个划时代的精品工程，既是信任，也是使命。他们担负着京张高铁包括崇礼支线站“四电”系统集成工程，全长 226.8 公里，涵盖电力、牵引供电、“四电”房屋、防灾安全监控、声屏障 5 个系统。具体包括新建配电所 8 座、10 千伏贯通电缆敷设 1 702 条公里；新建牵引变电所 5 座、分区所 6 座、AT 所 9 座、开闭所 2 座；接触网 728.852 条公里；防灾安全监控设备安装 123 套；“四电”及相关房屋共 211 座，总建筑面积 32 985 平方米；声屏障安装 44 555 延米。

毫不夸张地说，他们承建的工程涵盖了京张高铁的全线。

京张高铁建设“四电”一项都不能少。

电气化局在着力突出“建设精品工程，打造智能京张”方面也有新的建树。牵引供电系统采用简统化、智能化设计，主要应用为智能供电设备、智能调度系统、智能运营维护管理系统、接触网在线监测、简统化接触网、地震预警系统等。现代化科技具有匪夷所思的神奇功能。

他们编制了《京张高铁四电精品工程标准》，以“一模、两线、四化”的技术和手段，全力推进“四电”精品工程建设，从而确保工程建设的高起点、高标准、高质量。

“一模”是指：建立 BIM 建筑信息模型，实现三大功能，打造工程全寿命周期管理。包括按施工图、零部件和设备图实行碰撞检测和深化设计，并导出优化后的施工图；包括可视化安全技术交底，制作40项主要工序的作业指导书；包括对施工流程、工艺工法、操作要点、质量标准、安全事项及危险源等内容的动态培训；更包括仿真模拟、对电缆布放、大型设备运输、所亭预埋等施工方案进行合理优化，以提高施工效率与工艺水平。

“两线”是指：接触网腕臂自动化生产线和吊弦自动化生产线，并以“两线”为基础积极探索智能化建造。

“四化”是指：信息化、专业化、机械化、工厂化。通过提升“四化”水平，全面推行精益管理，实现精品工程目标。

信息化最为庞杂，主要包括7个子系统，分别是生产调度管理系统、轨行车辆监控系统、一杆一档系统、项目质量督导跟踪管理系统、物资设备管理系统、电子工程日志及隐蔽工程影像系统、VR安全体验系统。

在随后的采访中，在技术人员满口专业术语的讲述中，那一嘟噜一嘟噜的技术工艺，就像挂满了整个工程项目的葡萄架似的，层层叠叠，眼花缭乱，应接不暇。我连声笑说，我听着烧脑，真是听醉了。

李忠民老兄笑眯眯地说，听醉了？估计您是听晕了吧！

李忠民原是电气化局的一名宣传干部，如今已经退休了，因修建京张高铁又重新披挂上阵。他依旧干他的老本行，驾轻就熟地深入一线采访，身影

中铁电气化局施工人员在进行接触网设备安装。
摄影 / 李向奥

时刻活跃在京张高铁工地上。他用最写真的镜头和文字实时记录和报道了整个工程的实施进程，在他精心编辑的一册《京张故事》里，全是电气化员工奉献京张的动人细节。

他说，专业就是专业化，又叫专一化，与多元化战略对应，都是企业战略。

我惭愧自己无力将枯燥死板的专业术语准确转化成生动有趣的通俗用语，只能硬着头皮继续听下去。

李忠民说，接下来就是专业化了，专业化主要通过四个方面来实现，包括建立专业化管理团队，使用专业化施工工具，配备专业化检测工具，成立专业化作业组。

然后就是机械化。主要包括推行机械化作业，配置恒张力架线车、接触网作业车、专用吊车、隧道吊柱安装平台、电缆牵引展放机等生产效率高的机械设备，研发 H 型钢柱智能安装系统装置，实现钢柱的智能安装。

最后是工厂化。主要是建立物流管理中心，推行工厂化施工，对接触网腕臂、定位装置、整体吊弦、弹性吊索、拉线、母线、支架、爬架、接地引线、网栅等采用工厂化预配，提高施工效率和施工工艺。利用数字化物资管理系统，实现物资从计划、采购、入库、验收、发料、消耗、库存、查询等方面全过程管理，动态掌握各类信息，实现物资数字化管理，并具备可追溯性，为京张高铁精品工程建设提供质量保障。

文质彬彬的周湘民书记说，您现在乍一听肯定发蒙，等您随着采访的深入，接下来再到现场一一对号，就能充分理解其中的具体内容与实际意义了。

我站在项目部的大屏幕前，观看了他们拍摄的《传承詹天佑精神品质，建好新时代京张高铁》专题片，气氛骤然热烈起来。周湘民满怀激情地说：“为巨龙插上腾飞的翅膀，就是我们放飞的梦想。”我相信这是中铁电气化人的心声和誓言，也是中铁电气化人的使命与担当。

“京张有我，期到必成！”这是他们专题片的结束语，斩钉截铁，强劲有力。

工笔勾勒智能建造的精妙之美

如果说京张高铁是一幅盛世图腾般的精美长卷，那么它的精妙之美就隐现在一笔一画的勾勒之中。而京张高铁的精妙之美正是它的智能之美。

京张高铁全线几乎涵盖了我国高铁建设的所有特点，海拔落差超过1 000米、气温变化超过60摄氏度，穿越城区、库区、山区、草原，时速既有350公里，也有250公里，轨道既有有砟区段，也有无砟区段。

工程的复杂性决定了施工的挑战性。

京张高铁四电工程建设的技术含量也相应提高，不同时速不同地域弓网关系保障、智能化变电设备、景观化声屏障等，同样，这些既是工程建造的难点，也是智能建造的亮点。

在京张高铁站后“四电”建设过程中，电气化建设项目部坚持创新驱动，弘扬工匠精神，全面升级管理理念和施工组织体系，推动了智能高铁建设的深化运用。

他们占地22 800平方米的生产资源管理中心，一如铺展开了百公里

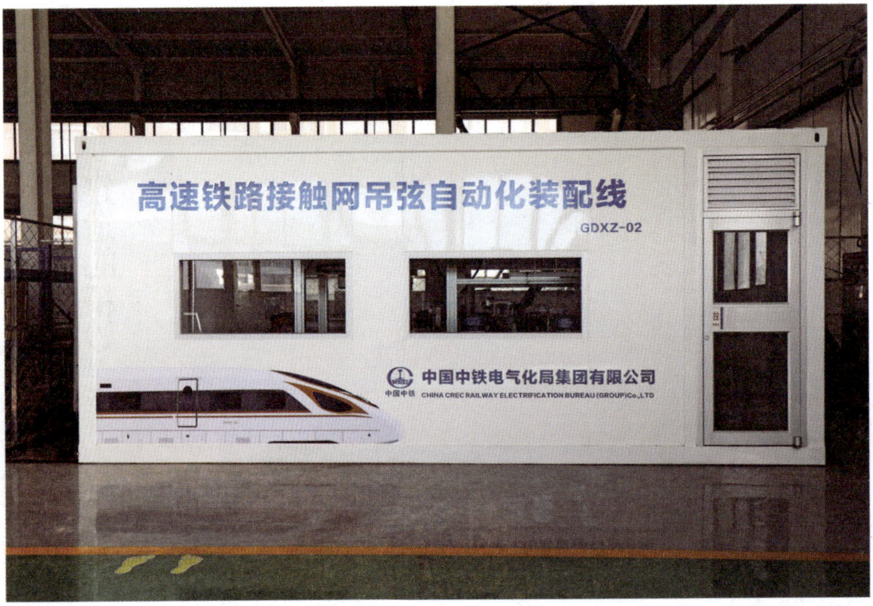

中铁电气化局自主研发的一体化接触网吊弦自动化生产线。

摄影 / 李忠民

长卷宣纸，用心血和汗水绘制智能建造的精美画卷。

项目部将信息调度及智能培训中心、智能预配中心、检验检测中心、智能物资管理中心、安全体验区巧妙地聚为一体，打造了节能高效的多功能生产基地。

在这里，利用多媒体培训设施和网络通信设备，技术人员可随时对关键工序进行远程技术交底和工艺展示；运用“四电”设备管理系统，实现了物资设备的计划、采购、入库验收、据单发料、安装记录等全方位闭环管理。他们将智能技术与施工生产深度结合，不断丰富和深化智能建造的无穷内涵，让每一个环节都充盈着智能的意蕴，让每一道工序都闪烁着艺术的灵感。

我先是在现场仔细观摩了高铁接触网腕臂自动

中铁电气化局施工人员用企业自主研发的智能化装配生产线预配接触网腕臂。

摄影 / 李忠民

化装配线生产过程。这个硕大的浅灰色的长方形厢房，是目前国内第一条腕臂全自动生产的设备，也是一种升级版的高铁腕臂预配新工艺。自动化生产线替代了手动腕臂预配的测量、切割、组装、检验等环节，大大减少了人力及时间成本。

在现场有节奏的声响中，我看见操作员工只需将钢铁的管材放置在预定的位置，自动生产线可精确完成管材切割、料头分拣、管材工位间转移，以及螺帽紧固等多道加工程序。从不知疲惫的机器人寻孔定位到机械手夹持管材前进并套上零部件、紧固螺帽，完成一组装配作业时间大大缩短，智能化预配一组腕臂耗时不到 5 分钟。按照一天工作 8 小时计算，一个平台每天可以生产腕臂 200 余组，技术标准误差都控制在 1 毫米内，生产精确度和稳定性都得到大幅度提升。

整个生产资料管理中心就像一个偌大的厂房，不同的空间分布有5个区域。放眼浏览一遍，处处都充满了令人惊叹不已的新技术、新名词、新概念，每个区域都给人魔幻般的神奇体验。

我在VR安全体验区亲历了惊魂一刻的切身体验。

VR是Virtual Reality的英文缩写，中文的意思就是虚拟现实。项目部采用VR虚拟演示安全教育模式，配以音效、解说，以及一体机的动态效应，使整个施工现场逼真地展现在眼前，仿佛一切都触手可及，有着极强烈的真实感。

主要是让作业人员对高空坠落、基坑坍塌、机械伤害、触电伤害、火灾伤害等产生身临其境的体验，让体验者体验不安全操作行为所产生的骇人危害。同时通过VR体验区开展应急演练，普及应急知识，提高施工风险防范意识和自救互救等应对能力。

无论是谁，体验过后出一身冷汗，都是一次鞭策和警觉。

随后，我又戴上一套特制的类似于眼镜的设备，对AR辅助施工系统做了一次现场体验。

AR是增强现实Augmented Reality的英文缩写。项目部采用视频管理平台与多媒体现场作业管理系统融合，在网络条件和传输带宽得到保证的情况下，可提供双向高保真宽带语音和高清实时影像，成功

现场施工人员配戴AR智能安全帽向调度中心传输施工现场信息。
摄影 / 李忠民

将语音通信、数据通信和视频通信结合起来，构建一个声影并茂的调度指挥网络，使得信息获取更直接，下达调度指令更准确，堪称调度指挥施工的“顺风耳”和“千里眼”。

在实际操作中，我能真切传送出和收看、收听到对方传递的现场实景和声音。此刻天涯咫尺，好像彼此在面对面交流，任何疑难问题，都可以现场实况直播，看图说话，传送第一线的直观信息，获取最直接的解决方法。

项目部比对推送的图像、视频音频等数据，便于专家随时查看工地现场情况；指导作业人员随时校正施工习惯，许多施工现场突发情况都能及时得到妥善处置；又通过即时指导、即时学习、即时提高施工工艺，极大弥补熟练技术工种人员短缺的问题。

现场的周湘民书记向我介绍说，根据中国国铁集团在京张高铁 BIM 技术实施的总体安排，站后 BIM 技术实施以“三站三隧”为起点，逐步扩展全线应用。能够将工程项目在全生命周期中各个不同阶段的工程信息、过程和资源集成在一个模型中，该技术也是首次在京张高铁运用。

BIM 就是运用三维数字化技术配合智能化工具，将建筑工程全生命周期中各个阶段的数据信息进行整合、集成、分析，最终将这些数据以 3D 可视化模型及数字报表的方式展现给项目中参与各方，便于进行工作的指导和进度、成本等分析，最终提高项目整体的品质。

只要仔细观察，就会发觉项目部对细部工艺优化花了大心思，下了大功夫。真可谓点滴是心血，处处有汗迹。

譬如变配电所室内接地干线安装方式优化。京张全线配电所室内墙上环形接地，采用 SM 型低压支持绝缘子来固定接地扁钢，只需在墙上打上膨胀螺栓，工艺简单且美观，实现了地线与墙体的彻底隔离。

譬如站场箱变护栏安装位置及美观度优化。京张全线站场箱变，在箱变检修平台四周安装不锈钢铁艺护栏，箱变检修平台及台阶表面采用涂刷地坪漆，箱变检修平台四周喷涂黄绿警示标识。这样不仅增加了箱变整体的美观度，减少了用地面积，还增加了管理单位检修时的安全系数。

譬如配电所电缆夹层高压电缆预留方式优化。京张全线配电所电缆夹层采用角钢十字支架盘圈立放预留，并用专用电缆卡子固定，既美观又节约了空间。

譬如隧道内箱变预留高压电缆优化。高压电缆进入洞室后在墙上安装好，十字固定支架上盘圈预留，预留够长度后，穿管至箱变基础进行安装固定。既能保证足够的预留长度又能解决高低电缆交叉问题。

包括调压器进出高压电缆增加支持绝缘子及支架，包括高压电缆外护套喷涂“一级贯通”“综合贯通”字样及二维码。甚至连不起眼的设备基础棱角，也毫无例外实施了优化。员工们巧妙地采用倒角技术，有效解决了棱角磕碰对基础完整性的破坏，同时也极大提升了工程的美观度。

这里的一切，都是在用心用力。在京张高铁电气化施工现场，视线所及，都使人感受到什么叫匠心铸精品，细节见真功。

正可谓内行不说不清楚，外行不听不知道。工匠摇篮里的工匠们喜欢不断雕琢自己专业的精工产品，他们将精工制造的触角伸向每个细微之处，像培育自己子女一样，倾心于己出的产品工艺，并享受着忘我付出的全过程。

“头脑风暴”与《我爱发明》

伟大的发明家爱迪生说：“我平生从来没有做出过一次偶然的发明。我的一切发明都是经过深思熟虑和严格试验的结果”。

深思熟虑就是掀起一场“头脑风暴”的过程，每一次发明创造都来自于一场“头脑风暴”。

所谓“头脑风暴”最早是精神病理学上的用语，指精神病患者的精神错乱状态而言的，现在转而为无限制的自由联想和讨论，其目的在于产生新观念或激发创新设想。

我在中铁电气化项目部采访时，正巧与中央电视台《我爱发明》栏目组的采编人员相遇。他们一行三人正在现场忙着采录相关的节目。这一期《我爱发明》的主角是电气化公司的副总工程师周振平，他是高铁接触网自动化吊弦装配生产线研发团队的主要发明人。

周振平现年 51 岁，家在河北正定，夫妻分居两地，许多家务杂事都是妻子承担，他大部分业余时间用来琢磨新设备，可谓寝馈其中。他还曾研发出接触网腕臂自动化生产线、接触网自动巡检小车等新成果。

建设京张高铁前，他曾在京津、广深港高铁等建设项目任总工程师，有丰富的现场施工经验，尤其擅长围绕工程遇到的难题，开动脑筋思索破解之法。

我在京张高铁的电气化施工现场，望见分布有线盘、张力轮的橘黄色作业车正在进行导线安装作业，员工们把这道工序称为放线。放线过程要保持恒定数额的张力，才能有效避免接触线发生硬弯、扭面等缺陷，确保接触网的安装质量。

周振平介绍说，高铁跑得越快对接触网的技术要求越高，因为高铁行驶中车顶的受电弓与接触网导线始终处在滑动摩擦状态，假如接触网导线的平直度不够，轻则造成受电弓磨损，重则造成拉弧放电现象，导致整条线路故障。

我问："接触网导线的平直度要求是多少？"周振平回答："正负误差不超 0.1 毫米。"

真是微乎其微啊！周振平接着介绍说，因为悬拉在空中的接触网导线很容易发生自然下垂现象，所以要在导线之上架设一道承力索，再在承力索与导线之间连接一根吊弦。一般吊弦之间间隔 8 米左右，以增加导线的受力点，从而防止导线下垂，有效保持导线的平直度，保证两个点位之间误差不超过 10 毫米。

见我频频点头，周振平说："这下您应该明白这小小吊弦的大作用了吧。"

据统计，京张高铁包括支线需要 104 988 根吊弦，每根吊弦长度不一，多在 0.7~1.8 米之间，就是说每根吊弦都需要量身定做，人工制作过程繁琐而枯燥。

我目睹了吊弦的人工制作程序。首先要精密计算一番，确定好每根吊弦的尺寸，然后两人配合，一人负责读取数据，调节好量尺，另一人从线轴上抽线，穿过压接管，再将线弯回，再穿回管里，确定线头尺寸后，放入心形环作为支撑，最后拉紧吊弦用气动装置将管线压实；接下来做接头长度复核，确定长度进行断线，另一端也需完成相应程序；最后对吊弦尺寸复核无误后，将两端线头安装压接端子，一根个性化吊弦终于制作完工。

一查看时间，两人合作制作一根吊弦用时 3 分钟，如果日复一日长时间制作，加上身心烦躁疲惫等因素，估计每根平均用时还要延长，也很难保证每根质量精准无误。

怎么办？周振平团队想到了研发吊弦全自动装配生产线。

夜深人静，披衣而坐，周振平上网查阅资料，发现目前国际上吊弦生产都是人工操作，并没有机械化生产的先例可以借鉴。无捷径可循，他只有深扎生产车间，细心观察工人的操作流程，寻觅自动化生产的潜入路径。

怎么研发成功的呢？期间所经历的一切，恐怕无法言说，其实也不言自明。谁也无法真切描述周振平研发团队内心经历的渴望、煎熬、绝望和痛苦，谁也难以体会他们身体承受的疲惫、僵硬、疼痛和麻木……废寝忘食是人的一种痴迷状态，那么寝不安席，食不甘味呢？那一定是人在呕心沥血、费心劳神时的真实写照：从百思不得其解，到千思万思得其解。所有的成功都是心血、汗水甚至泪水的结晶。

在研发的过程中，曾经有个难题盘踞在周振平的脑际，久久困扰着他的思绪。就是如何能理想地切断吊弦的铜绞线？他先后用手动钳、液压钳、气割等工具尝试。铜绞线由 49 匝线组成，不是截面散股，就是截面不规则，导致铜绞线线头不能顺畅穿管，自动化生产线就难以完成后续程序。

破茧化蝶的阵痛和挣扎，蝶变的感觉别人无从体验，也无需向他人宣扬，人们只管欣赏蝴蝶的美丽即可。面对央视栏目主持人的现场采访，周振平只是轻描淡写地说，这个铜绞线切断难题的攻克，是他看到了一位同事用绳子往自行车后架上捆绑箱子时，为了便于绳子穿插，点燃打火机将尼龙绳头烧了一下，又将绳头儿一捻。这个别人不经意的动作传递了某种启示，他如醍醐灌顶迸发了瞬间的灵感。曾经的“头脑风暴”却被一语带过。

中铁电气化局施工人员现场使用自主研发的锂电精密拧紧器安装接触网吊弦。

摄影 / 李忠民

在周振平的不懈努力下，吊弦自动化装配生产线先是采用熔断的方法断线，使铜绞线的截面形成一定维度，以便于压线接管，后是在所有压接管和压接端子的穿线入口增加了感应式大开口导向装

置，更加便于铜绞线顺利导入管内，整套设备通过电脑编程控制多个机械手，可自动完成零部件的抓取、穿线、断线、弯曲、压紧、喷码等一系列流程，运作起来如行云流水，就像一个庞大的联动机，环环相连，顺畅自然。

我在现场看到此吊弦自动化生产线，与此前所见的腕臂自动化生产线堪称“姊妹篇”，同样是浅灰色的长方形的外表，只是内部的结构大有不同。这是目前国内第一条吊弦预制设备，是一种新的吊弦预制工艺。它成功替代了手动吊弦预制的测量、断线、装配、检验环节，大大减少了人力预制的误差性。自动化吊弦生产线 30 秒完成一根预制作业，外形统一美观，成品误差均在 1 毫米内。

在央视《我爱发明》栏目主持人的见证下，先后对生产线生产的吊弦质量进行现场检验。首先是长度规格检验，一次过关丝毫不差；然后是滑脱率检验，按标准吊起 13 块坠砣 390 千克，查看压接口未见滑脱，第一次过关成功；超标准吊起 21 块坠砣 630 千克，查看压接口仍未见滑脱，第二次挑战极限闯关成功。

与此同时，电气化局的另一项发明创新项目也在中央电视台《我爱发明》栏目的录制当中。

这项发明的主角是李彦涛团队。现年 36 岁的李彦涛是一名青年工程师，面容清秀，风华正茂，他和他的团队成功研发了隧道打孔及吊柱安装设备。

研发的起因是京张高铁隧道接触网施工现场的需要。

京张高铁及崇礼支线线路总长 227.8 公里，其间隧道 70.69 公里，占全线的 31%。接触网作为高铁的电力设备主体，是列车快速平稳运行的基本保障。一般情况下接触网都要依靠铁路两侧的立柱架设，然而当铁路穿行隧道时，由于隧道内的空间所限，就难以架设立柱了。那么接触网的支撑就只能安装在隧道的内壁上，传统的立柱就由安装在隧道顶部的吊柱来替代，因此就要在隧道内部大量打孔安装。工人要经过精心测量，在内壁上详细做好标记，然后进行打孔作业。

隧道里阴冷潮湿，夏天还要穿上棉衣。施工人员使用手持式冲击钻，“突突突”地一阵猛钻，尘屑随即飞溅弥漫。冲击钻自身重、冲击力大，人的体力消耗也大。高强度的作业，不一会儿就令人双手酸麻无力，汗流浃背，极度疲惫。尤其是隧道高空顶部打孔，仰脸极易尘屑迷眼，低头无法看清和把控打孔走向，那打孔的姿势简直难拿至极。

我尝试着抄起一把冲击钻，仅是端起来已经很吃力了，更甭想在其剧烈振动中精准打孔了。况且打孔要求的标准极其苛刻，误差不能超过 5 毫米，因为要安装的都是硬碰硬的金属部件，丝毫没有通融的余地。

现场的工程师武国瑞说，隧道内壁上打孔数量巨大，大约每公里打孔 200 多个，加上其他专业需要，大约每公里打孔 500 多个。经初步计算，京张高铁及崇礼支线隧道需要悬挂吊柱 9 490 组，其中隧道附加线吊柱 5 692 组，腕臂吊柱 3 798 组，打孔起码要 20 万个，如此浩大的工作量，仅凭人工操作恐怕要耗到猴年马月了。

更大的困难出现在打孔之后的吊柱安装作业现场。10 个人的作业组，要将 300 千克的钢铁吊柱举到隧道顶部安装，谈何容易！十几米高的简易梯车上站着 4 人，下面 5 人用力拉动滑轮将沉重的吊柱缓缓提起，在一人的指挥下进行吊柱的安装作业。吊柱在空中晃晃悠悠，要费好一番周折才能精准安装到位。一个作业组费劲费时，每天也只能安装 12~15 根吊柱。

这怎么能行？

李彦涛团队为此经历一场“头脑风暴”，最终想到将打孔和吊柱安装集成在一辆作业车上。首先考虑到作业车要同时安装汽车轮胎和火车钢轮，以便在公路或铁路行驶时随意切换。

我看到他们在一辆杏黄色的汽车升降平台上同时安装了两条机械臂，

一条用于隧道打孔，设备由电脑程序控制，可实现机械手掌控电钻，进行不同角度不同深度的打孔作业；另一条用于隧道吊柱安装，多自由度的机械臂能顺畅完成对吊柱的抓取、旋转、举起等一系列动作，配合人工完成吊柱安装作业。

在电视录制镜头里，打孔机械臂做了精准定位演示。先是由记者任意设计几个孔位，机械臂经过电脑编程，由一个基本点建立起联系，对其他几个孔位精准打孔，准确无误；后又在一大型塑料桶桶壁进行了弧面打孔演示，同样是准确无误；最后是吊柱安装机械臂做抓取、举起演示。先是令机械臂抓取一瓶啤酒，将啤酒打开准确倒进啤酒杯中，顺利完成；后又令机械臂抓起一段钢梁，将现场的 4 名小伙子轻松吊起。

在栏目的见证下，作业车开进隧道施工现场，打孔机械臂一马当先，依据定位算法，在隧道侧壁安装电缆支架打了 9 个孔，转眼间完成。隧道顶部安装吊柱打 4 个孔，电钻干净利落，6 分钟完成，检测孔距、孔深全部合格。随后安装吊柱机械手大显身手，仅用 2 人操作，只见机械手将 300 千克的吊柱稳稳抓起，靠液压转盘轻松转向、回收、垂直……动作灵活自如，举重若轻，准确定位，工人迅速上螺栓紧螺丝，吊柱安装完毕。

再次查看时间，2 人一组，仅用时 16 分钟。不妨与之前人工安装用时作比较，算算效率究竟提高了多少倍呢，显然不是个小数字。

其实，传统的隧道接触网施工已有时日，只是人们在司空见惯中熟视无睹了，有些事情的改变往往不是做不到而是想不到。是啊，谁又能想得到呢？南美洲亚马孙河边热带雨林中的一只小蝴蝶，偶尔扇动几下翅膀，就有可能引发一场大风暴呢！

是最新“蝴蝶效应”，也是新版“头脑风暴”；是艰辛付出，也是幸福回馈。是偶然，更是必然；是责任心，更是使命感。

让高铁精彩演奏华美乐章

2018年12月27日上午，天空一片蔚蓝，京张高铁电气化项目部在河北怀来至下花园区段，成功架设起了京张高铁牵引供电系统第一条接触网导线。这标志着京张高铁站后“四电”工程进入接触网上部组网施工阶段。

在此之前，指挥部启用智能牵引供电调度系统和智能牵引供电运营维护管理系统，实现“全息感知、多维融合、重构自愈、智能运维”，为高铁提供高效优质的动力牵引供电系统。他们还研制了国内首台铁路专用智能立杆车、融合机械臂、倾翻预警、无线操作系统，实现了钢柱的智能安装。

可以无愧地说，京张高铁建设者以建设首条智能高铁为目标，以建设让国人自豪、让世人称颂的高铁精品工程为己任，殚精竭虑，不遗余力。

在京张高铁下花园站施工现场，由中铁电气化局装备公司研发的智能立杆车上线进行试作业。在施工现场百余人的见证下，智能化立杆车不负众望，按流程做出一套规定动作，干脆利落，点点到位，施工试作业成功。

他们研发的智能立杆车，是针对高铁电气化接触网H型钢柱组立的专业机械装备。利用电永磁铁将钢柱吸住，然后由高精度运动部件将钢柱移动到基础上方，让基础螺栓穿过钢柱底座螺孔，拧紧螺帽，完成钢柱组立安装。该装置操作简单，控制精度高，是一台智能化的专业机械设备。与传统的立杆吊车相比，更加安全高效。

陪同我采访的李忠民说："不知您是否注意到铁道两侧的H型钢柱，我们通常把钢柱组立作业叫做立杆。"我放眼望去，看见路两侧昂然站立着一排钢铁之躯，相隔大约50米的距离，犹如守护高铁线路的钢铁卫士。

李忠民告诉我，过去传统的立杆作业，是由吊车将1.3吨重的钢柱悬吊起来，几个人又是呼喊又是比划又是推拉的，好不容易才把钢柱对上螺栓孔，然后上紧螺帽。不仅费力费事，稍有不慎，现场把控不好，极易发生安全事故。

他们研发了智能立杆车，以往沉重、滞顿的施工作业变得轻松、畅快了许多。电永磁铁将钢柱吸住，掌控自如，没有多余动作，干脆利落，严丝合缝，精准到位，旁观者看着都有一种视觉享受。

李忠民说，钢柱立好之后，就在上面安装腕臂等部件，最后组成"简统化"接触网悬挂系统，这是我们自主创新的模式，也是首次在京张高铁崇礼铁路线上应用。

多年来，我国高铁普遍使用的接触网悬挂系统，一直沿用多国多制式腕臂结构。由于在构成上零部件多、紧固件多、连接结构复杂，存在易造成铸造工艺缺陷，定位空间安全裕度小等问题。而"简统化"接触网悬挂系统，顾名思义即简单、统一、标准，与传统接触网悬挂系统相比，在确保供电安全的前提下，腕臂零部件数量可减少39%，紧固件数量减少33%，紧固力矩种类减少50%，安装工作时间减少约1/3，也为统一标准装备、智能识别零部件故障提供了依据。

中国国家铁路集团有限公司党组书记、董事长陆东福在视察"简统化"接触网悬挂系统时，连声称赞说："好啊，好！这才是咱们自己的中国化！"

我站在“简统化”接触网下面仔细观察，发现腕臂与 H 型钢柱组成了一个规则的三角形，远眺就像一面面定格的三角旗帜。或许只有一闪而过的列车，才能够读懂这预示着一路安全畅行的旗语吧。

我指着钢柱旁垂挂的一串坠砣询问，身边的李忠民介绍说，钢柱间每隔 1 300 米就有一串这样的坠砣，就是一个锚段，是用来拉直接触网导线，以保持导线的平直度达标。

不说不知道，一说真奇妙。李忠民是个老电气化了，他说接触网导线是合金铜材质，必须保持平滑，不能有波浪鼓。你想啊，时速 350 公里，闪电

中铁电气化局施工人员用企业自主研发的智能化立杆车在线路上组立接触网 H 型钢柱。

摄影 / 李向奥

般驶过，受电弓和导线摩擦瞬间会发生怎样的神奇情景？

我说，我一直认为接触网导线应该始终在受电弓的中心位置滑动。

李忠民说，错！那可不成。必须保证列车的受电弓在接触网导线上左右滑动才行，如果导线总在受电弓的中心点或某一点上摩擦，势必造成受电弓碳棒的局部磨损严重，甚至会形成凹槽，影响高铁正常运行。所以接触网在架设时并不是一条直线直到底，而是各个立杆间互相错开一定角度，这样使得导线走向呈Z形。

“是吗？我还真没注意到呢。”许多人和我一样，经常坐高铁却从来没有仔细观察过。与此同时，我不禁生发出无限想象。高铁运行中接触网导线在受电弓上左右摩擦滑动，导线无形中就变成了多条并排的丝线，这多像在辽阔舞台上精彩演奏的小提琴、中提琴或大提琴，受电弓犹如运行的琴弓，接触网导线宛如绷紧的琴弦，时刻奏响“复兴号”飞驰在祖国大地上的华美乐章。

就为了这华美乐章没有杂音，不出现任何不和谐的音符，建设者就像制琴师一样一丝不苟、精益求精、不遗余力地调整着自己的心爱之弦。

天刚蒙蒙亮，路上车少人稀，一辆工地车载着十几名身着橙色工装的人，他们是京张高铁电气化项目部的测量队。

一路颠簸的车上，人都是一色的黝黑面孔，工长徐江伟算是兵头将尾，他坐得最靠前，用手护着一台测量仪，生怕被颠坏了。

他们今天的工作，是把三个已知高程点，分割成两段各一公里的区段，每一段包含着约40个接触网基础的高程进行闭合。

当他们测量第一个区段时，发现误差为2.1厘米。“工长，第一区段的误差是2.1公分。”队员小胖儿像往常一样跟徐江伟报告。

徐江伟凭第六感觉，认为数据有些不对头，他嘴里只蹦出三个字：“重新测！”

身边队员听到他的话，都不禁一愣，心说：2.1公分虽然略高，但也属于合格范围内呀！徐江伟没有再说话，他直接蹲下，开始低头验算数据。

“数据误差太大，这数据作废。”徐江伟直起身，吩咐道，“小胖，你把车上那台仪器换过来，大个儿，你和小胖儿调换一下，重新测量一遍！

一个多小时后，数据出来了，还是 2.1 厘米。

“仪器没有问题，人没有问题，已知点也没有问题……”徐江伟在心里做排除法，眼睛逡巡着测量图纸，他的余光瞥见了塔尺。

这是个类似于钓鱼竿的测量尺，可以收短也可以拉长，由铝合金方管套在一起，上一段与下一段之间，有一个卡扣用于固定。

他拿起塔尺瞄了瞄，目光锁定了塔尺上的卡扣，隐约发现了端倪。原本还笃定换了仪器和人员，基本排除了误差的根源，误差结果应该能下降，没想到，还是一样。

“不过，工长，这个误差，和您要求的误差范围就差 1 毫米，也不多，要不然咱们先去测量下一段吧！”小胖说。徐江伟不作声，他低下头，继续琢磨这“1 毫米”。

他摸出国标卷尺，固定好卡扣，量起长度。1 毫米的数值差距，摆在了众人眼前。“大个儿，你去车上拿胶带固定塔尺，保证精确、牢固，其他人各就各位，咱们再测一遍。”

第三次的测量，最后一个步骤时，队员们都围到了徐江伟身边。徐江伟轻轻舒了一口气，说出结论：“2 公分。”

这就叫一丝不苟。

就为了排除 1 毫米误差，他们觉得这么反复折腾很值，因为认真过了，校正过了，心里踏实了。

夜渐渐深了，墙上的时钟早已悄悄走过了 12 点，正在查看所有测量数据的曹贝，却突然发现 10 股道有一处定位点的导高相差过大，早已超过了规定值 55 毫米。

他的眉头立刻拧起了疙瘩，心里一遍一遍核算：难道是吊弦装错，

中铁电气化局施工人员用企业自主研发的智能化立杆车在线路上组立接触网 H 型钢柱。

摄影 / 李向奥

还是测量有误？明天就是冷滑实验，那时再测出个万一，尤其发现大纰漏就根本来不及处理！

曹贝是接触网作业队副队长，就在10天前他接到了一个死命令：“张家口南站必须为通车做相关实验！”由于前期路基成型慢、不具备施工条件，离开通只剩最后10天，还有好几处锚段承导、十几组腕臂和几百根吊弦没有装配到位。曹贝一刻不敢耽搁，他身先士卒带领一帮弟兄加班鏖战，每天天泛亮上工地，披星戴月才返回驻地。

其他人都拖着一身疲惫进入甜蜜梦乡了，他还要盯在电脑屏幕前继续处理白天测量的数据，做好第二天的施工安排。发现疑点问题后，这个刚满30岁的小伙子顿时睡意全无，脑子转的全是定位点。唉，这怎能睡得着呢！

“不行！我得马上出发！”

曹贝心一横，使劲儿掐灭手里的烟头，穿戴好防护装备，带上测量仪直奔现场。在和驻站联络员取得联系后，他快速进站开始测量数据。当他把两侧跨中、定位点数据复测一遍后，仍发现这个定位导高过大。到底是哪儿的问题呢？

曹贝犯了难，他抹了一把脸上的汗水，拿着手电筒对着每一根吊弦照了又照，找了又找，一边走一边找，也顾不上看脚下，“咕咚”被绊倒了，小腿磕破了皮，都没觉出痛来，爬起来继续找。时间一分一秒过去，终于，他的目光聚焦在一个定位点处！见鬼！定位器竟然出现了极少遇到的卡滞现象。

唉，问题查找到了，曹贝心里的“石头”总算落了地。紧接着上杆、敲正、下杆，三下五除二，整套操作娴熟干练，再一测，好啦！导高完全符合要求。

等曹贝回到宿舍，东方的天空泛起了鱼肚白，他仅是眯了一下，再也顾不上休息，用凉水洗了一把脸，提了提精神，又投入了新的一天：点名、训话、分工、备料……

昨晚未眠，又闻擂鼓声。

曹贝一夜未合眼，他认为值了。京张有我，期到必成。想想自个都觉得有成就感。奋袂而起，日就月将，为了实现建设精品京张的理想，为了京张高铁早日顺利开通，为了内心里悄悄许下的诺言。

2019 年 10 月 20 日，京张高铁线路上引发“惊鸿一瞥”，被称作“黄医生”的高铁综合检测车黄色的身影闪电般驶过。继 10 月 5 日京张高铁联调联试启动以来，试验时速首次达到 385 公里最高值，超出设计最高时速 350 公里的 10%。飞驰的高铁不时激起道路两侧的惊呼之声。

“黄医生”以动态检测方式，通过不断提升速度等级，对沿线轨道、路基、接触网、通信信号等进行实时检测，并对全线各业务系统和整体系统不断调试、优化，使线路功能及性能达到标准要求。车上传来捷报，目前检测结果显示，京张高铁接触网动态几何参数整体良好，无接触线拉出值、接触线高度和硬点缺陷。

电气化京张高铁指挥部指挥长毛明华介绍说，京张高铁的建设，融入了大量先进技术手段和智能化的元素。除了诸多智能建造外，还将采取机器人巡检的方式，引入基于大数据的健康自诊断系统和自然灾害监测系统。

2019 年 7 月 20 日，“智能化安全屏障”系统就已经开始在京张高铁安装。据专家介绍，自然灾害监测系统工程是由风速风向监测、雨量监测、雪深监测、地震监测，以及异物侵限监控等子系统集成，运用大数据处理、物联网等技术，在沿线设置上百个传感器等感知设备，对沿线自然灾害及异物侵限等实行全天候监测。在风速大于 7 级时、每小时降雨量大于 45 毫米时、轨道积雪深度大于 100 毫米时或地震动加速度峰值达 40 伽时，系统便进入对列车分级限速报警，同时反馈给列车调度中心指挥系统。即使列车司机未予及时反应，列车控制系统也会自动减速或停车，及时准确起到智能化安全调度功能，实现自动指导列车安全运行，同时还能指导沿线铁路进行灾害线路巡检和故障处理。

如果不是有人讲解，我真不知道这些分别安装在H型钢柱、桥梁护栏、轨道一侧高台上的各种设备有何功能。李忠民指出一处安装在钢柱上的智能化网速、风向传感器设备，我看见那是架设在空中的两个圆柱体，各伸出像蜗牛小触角般两根天线，好像时刻在默默收集、分析、传递着信息。

一时间我的脑海风起云涌，我的眼前仿佛幻化出一个灵通世界。天空、大地、山河、风雨、暴雪、冰雹、雷电等，统统被我收入锦囊之中。先知与先觉，示警与预警，防灾与消灾……这一切就是大自然对人们艰辛探求的慷慨馈赠。

在神州秀美的山川，中国高铁已将中国速度、中国制造、中国智慧、中国力量、中国骄傲、中国精神展现得畅快淋漓。智能京张，名至实归。京张智能，心驰神往。神哉！奇哉！美哉！妙哉！神奇就在有形与无形之中，美妙就在现实与梦幻之间，伟大的电气化为高铁插上了腾飞的翅膀。

躬身为桥，跨越山水的生命彩虹

早听人介绍，京张高铁线上建有许多大大小小的桥，心里总想着一睹为快。

据我日常观察，发现许多人都喜欢桥，桥意味着跨越山水连通道路。桥，古通“乔”，原指一种高大乔木，砍倒后横搭在河面上，连接起两岸，也连接起风情、亲情和血脉……

汉语字典对桥的解释是：架在水上或空中便于通行的建筑物。我觉得这样诠释未免刻板无趣。因为桥梁姿势是灵动的，是入诗入画的。张昌宗的诗句“涧险泉声疑度雨，川平桥势若晴虹”、陆游的诗句“若耶北与镜湖通，缥缈飞桥跨半空”先后赋予了桥梁浪漫灵动的意味，让人联想到一座山水桥梁，犹如一道飞跨天际的彩虹。而近代诗人卞之琳的诗句“你站在桥上看风景，看风景的人在楼上看你”，人桥皆为风景，表现得则是另一番审美情趣了。

桥是路的接续，是悬空的道路。京张高铁有桥梁 64 座，与老京张铁路的桥相比可谓多矣。桥梁总长约 49 公里，其中 9 座特大桥。官厅水库特大桥是规模最大的桥梁，也是我实地采访的首选目标。

中铁大桥局是建桥国家队，中标官厅水库特大桥是理所当然。走进桥头的怀来工程项目二部，一眼就看见墙上张贴的图文介绍：大桥局是由原铁道部大桥工程局改制创立，迄今在国内外建造了 2 000 多座大桥。我国 4 座里程碑式的公铁两用大桥：武汉、南京、九江、芜湖长江大桥都是他们的杰作。世界最高海拔青藏铁路的拉萨河特大桥、世界最长的跨海大桥杭州湾跨海大桥、世界首座六线铁路大桥南京大胜关长江大桥都出自他们的手笔。

大桥人向我自豪地讲述，60 多年前他们的前辈建造了武汉长江大桥，毛泽东主席为此写下“一桥飞架南北，天堑变通途”的壮美诗句。大桥近期获得一份“体检报告”：全桥无变位下沉，24 805 吨钢梁、8 个桥墩无一裂纹、无弯曲变形，百万颗铆钉没发现松动，全桥无重大病害。数十年间大桥历经了 7 次洪峰，77 次轮船撞击，仍然坚固屹立于长江之上。

建桥人以桥为名，以桥为念，以桥为荣。项目二部党支部书记蔡强说，同事中有许多名叫“大桥”“建桥”“铁桥”“新桥”的“桥二代”或“桥三代”，大伙儿肩上都担负着长辈的期望和嘱托，定要把官厅水库特大桥建成经得起风浪与时间考验的永固大桥。

如今，他们的企业精神为：跨越天堑，超越自我。

登上官厅水库特大桥眺望

虽然心有预期，当官厅水库特大桥真实呈现在眼前时，我还是情不自禁地连续惊叹了几声：啊！壮观！壮丽！

这座铁路特大桥距水库大坝约 16.7 公里，全桥长 9.08 公里，结构新颖，造型别致。桥中心由八个造型优美的橘红色曲弦桁梁组成，就像八个依次涌起滚滚向前的彩色波浪。远远望去，主桥桩、承台和墩身挺立于湖水之中，大桥宛如一道凌波长虹飞跨宽阔平静的水面，的确称得上官厅湖上一道美丽的风景。

年轻的工程师张三刚告诉我，如果是晚上来观看，大桥更是璀璨夺目，令人心旷神怡。因为他们在灯光表现形式和布局上同样花费了心思。桥梁上弦杆连续设条形洗墙灯，采用 RGB 三色通道，打亮桥梁拱形外轮廓，结合水面倒影，表现五环奥运主题效果；桥梁正上方顶部垂直于线路方向的上平联两端设暖色宽光束投光灯，从上往下向桥梁外侧投射，照亮线路外侧人行通道，以内部发光的形式表现桥梁的整体结构，并兼做功能性照明；桥墩外侧设投光灯，形成照明支点。景观照明将在节假日或特定时段开启，

工人们在官厅水库特大桥做联调联试前的收尾工作。

摄影 / 原瑞伦

预示着照亮百年京张负重前行的光辉历程。

随后，我在项目部党工委副书记瞿沛，以及苏琳等几位青年的引领下，通过桥侧临时铁梯登上了官厅水库特大桥。在桥下观察时没觉得大桥有多高，上到桥面才发现大桥的确很雄伟，尤其站在大桥栏杆处向下俯视。只见两排高大的桥墩并列伸向湖心深处，随即一阵大风刮来，吹动明镜般的湖水，波浪随风荡漾起来，拍击着水中矗立的桥墩，好像整座大桥也随之摇荡。虽然只有二三十米的高度，我竟有了一丝惊恐的感觉，赶紧将低垂的目光望向远方。视线所及之处，官厅水库的岸边站立着高大的风车，这里果真是适于风力发电的大风口。满目旷野之上，迅疾的风掠过宽阔的湖面，推动着风车长长的扇叶悠悠旋转。

眺望官厅湖，水面浩渺，不免游目骋怀。遥想在新中国建立之初，党中央就决定修建官厅水库，实属利国利民之举。一座雄伟的官厅大坝横卧官厅山峡，重整山河开新篇，今日高峡出平湖——官厅湖由此诞生。1954 年竣工后，领袖毛泽东主席亲临视察，文豪郭沫若留下了“北方产量过长江，南方风物过长城。官厅水库鱼三尺，夹库湖山两岸青”的赞美诗句。这里浮光跃金，碧波荡漾，不愧有“京畿明珠”之称。

我曾在大桥下与一位垂钓老翁交谈。没想到他竟然是一位当地的水利专家，对官厅水库了如指掌。他介绍官厅湖东西长约 40 公里，南北最宽处有 7 公里，最窄处有 1.5 公里，总面积 253 平方公里，库容量 23 亿立方米。当年为了修建水库，怀来县进行了人口大迁移。他用手指了指远处的湖面，说当年的怀来老城，全都淹没在这片水底下了。

我不禁环顾四周湖面，脚下的官厅水库特大桥呈东西走向，北侧有一座高速公路桥，南侧有 3 座大桥，其中有京包线的铁路桥。1955 年为配合官厅水库建设，新建大桥将老桥的 7 孔变为 20 孔，沧海桑田，老桥目前只剩下孤零零的桥墩儿。20 世纪 90 年代，随着铁路的快速发展，客货运量不断攀升，1995 年在第一桥下游修建新桥 852.64 米，主桥跨越官厅水库，采用 5 孔 128 米下承式简支钢桁梁，1997 年底建成通车，就是目前正在使用中的京包线铁路大桥。另外，还有一座在建的怀来城市道路工程。

一湖飞架五桥，各领风骚年华。就在近千米的水面上，先后架起 5 座大桥，在祖国辽阔疆域中，不说唯一，恐怕也是少之又少了。在这里，桥与桥相互观照，桥与桥隔空对话，共同见证着京张铁路的沧桑巨变。

一旦大桥建好之后，就是守桥人与护桥工的常年坚守和维护了。他们需要用青春和生命与大桥凝结在一起，甚至与大桥厮守一生一世。就在一眼就能望见的妫水河大桥上，就默默上演着父子两代人 39 年坚守两座大桥的铁路人故事。

中铁大桥局的工人在官厅水库特大桥上拆卸脚手架。摄影 / 原瑞伦

那座大桥被铁路人称作京包线 88 号桥，由于大桥地处风口特殊位置，湖面风大浪急，走在 20 多米高的桥上，一般人都会心惊胆战，腿脚发软。而桥梁工们肩扛手提几十斤重的工具却如履平地，疾步如飞。护桥工区班长马立明说：“一年中最苦的季节莫过于冬季，数九寒天，狂风凛冽，走在桥上站都站立不稳。即使穿着厚厚的棉大衣，也会被寒风刺透，感到冰冷刺骨。六七级的西北风刮在脸上，像刀割一样疼痛，耳朵、手脚被冻伤都是常事儿。”

路用机车行驶在官厅水库特大桥上。

摄影 / 原瑞伦

即便是这样，马立明和他的同事们每天坚持上桥检查，每隔一段时间还要冒险爬上距桥面 16 米高的桥梁顶端，检查巡视铆钉、螺栓是否有松动，焊缝是否有裂纹，不敢有一丝疏忽大意。这时候若是赶上列车从桥上隆隆驶过，整座大桥都跟着剧烈震动，人攀附在桥梁高处被震得手脚麻木，稍不留神儿极易有坠落的危险。

早在 1978 年，马立明的父亲马建忠就担任京张铁路妫水河桥梁工区的工长，在此一干就是 20 年，马立明已经是第二代护桥人了。如今，早已退休、年过古稀的马建忠仍对大桥念念不忘，他有时还会来到桥上故地重游。他说就像探望个老朋友似的，他要和他的接班人聊聊大桥的往事儿。他说："以前老桥墩抗冰挤压能力低，为防止冰层线膨胀将桥墩挤断，每年冬天都要人力破冰，保证桥墩周围一米内为无冰区。大伙儿为了将冰敲碎，弄得浑身上下结满冰锥，每年冬天破冰是工区最辛苦的工作。"

飞驰的列车和日月一起穿梭，39 载时光倏忽而过，两座大桥，两代护桥人，旧桥曾由父亲守护，新桥今由儿子守护。马建忠、马立明父子作为京张铁路新老桥梁的守护者和见证者，今又满怀喜悦迎来京张铁路百年圆梦的新时代。

举目远眺，在京包线 88 号大桥南侧，一座宏伟壮观的京张高铁官厅水库特大桥飞架湖面。当你乘上京张高铁飞车驶过桥面的一刻，准能看见护桥工们精神抖擞的身影。

建大桥是巧夺天工之术

大桥人说，建桥就要建成精美永固的艺术品。所谓内化于心，外化于形，旨在传神抒怀，用在建桥工艺上也同样适用。从某种意义上说，每一座桥梁都隐含着建桥人的艺术品位和精神世界。

在项目部听建设者讲述大桥建造过程，项目部党工委副书记瞿沛对京张高铁的认识站位颇高。他首先说到工程意义大，铁路等级高，要求标准高。他说京张高铁是2022年北京冬奥会的交通保障线、京津冀一体化发展的经济服务线、传承京张铁路百年历史的文化线、全面展示高铁建设成果的示范线、落实“一带一路”引领高铁走向世界的使命线。

官厅水库特大桥是他们近20年间在官厅水库上承建的第4座桥梁，我听到后心头不由为之一振。这样想来，不太长的时间里，大桥局在官厅的湖面上架起了4座桥梁，这些桥梁“姊妹花”又该绽放出怎样的风采！

事实上，他们承建的工程远不止这座京张高铁线上最大的桥梁。东起官厅水库特大桥桥首，西迄土木特大桥桥尾，线路在河北省怀来县境内，正线长度16.21公里，主要工程包含2座特大桥、正线路基3.3公里、改建京包线 1.1 公里、无砟轨道单线 32.42 公里。其中官厅水库特大桥跨越官厅水库，土木特大桥依次跨越大秦铁路、京包铁路和京藏高速公路。

项目部综合考虑工程概况，工程显而易见的特点是桥梁比重大，施工技术含量高。经简单计算，标段线路桥梁比重高达 80%，是一个以桥梁为主的综合性工程。按说正是大桥局的优势所在，但具体情况具体分析后，就发现官厅水库特大桥主桥 8 个主墩平均水深达 14 米，淤泥层最大厚度 7 米，上部结构为 8 孔 110 米变高简支钢桁梁跨越官厅水库，施工技术含量较高。

由于官厅水库特大桥地处张家口进北京的“风口”区，常年大风难停，持续时间长。寒风吹过湖面，冬季结冰期长达 4 个月，环境与工期矛盾突出，再加上官厅水库为首都北京备用水源地，属于国家一级水源保护区，工程跨越水资源环保要求高。从不同层面增加了施工难度。

那怎么办呢？

大桥人说好办！因为他们胸有成“桥”。

首先是快速进场，快速开工。2016 年 3 月 22 日工程项目中标，一周之内，他们实现了官厅水库特大桥栈桥首根管桩施工。4 月 6 日，时任中国铁路总公司副总经理的卢春房来工地视察时，看到彩旗标语招展一片繁忙的景象，就对他们大干快上的势头予以高度赞许。

在大型工程设备的配置上，他们按产能适当过剩的原则，确保工装设备的投入不制约工程进度。在桥梁水中墩施工高峰期，集中投入反循环钻机 10 台、旋挖钻机近 20 台，主桥大型旋挖 4 台、混凝土运输车 80 台、履带吊 13 台、汽车吊 28 台、钢板桩围堰 8 套。整个水中平台上设备林立，机声轰鸣，上百台施工机械紧张作业，场面十分壮观。令人不禁感慨：好一派现代化大桥建造的工地景象！

不远处，一群美术学院的师生蹲坐在官厅湖畔，支好画架，用手中的画笔精心描绘大桥施工的热烈场景。大桥在画家的作品中成为艺术，建桥人更是艺术的创作者。

常言说任何艺术都来源于生活。艺术之所以高于生活，是因为艺术将生活做了高度浓缩和提炼,而现实生活往往要比艺术的想象丰富细腻许多。

建设者按照水上施工陆地化的原则，尽可能搭设钢栈桥和平台，尤其是两岸引桥部分，尽量减少筑岛施工墩位数量，最大限度避免对库区造成污染；水上施工平台搭设完成后，在桥址两岸陆地设置泥浆池拌制并储存环保泥浆，再通过管道输送至墩位桩孔内，避免了在库区设置泥浆池污染湖水；钻孔及灌注过程中循环泥浆经过泥浆分离重新使用，在钻孔平台上满铺钢板及铺设防水布，孔位处设置存渣箱，配备密闭式运渣车及时将钻渣外运至弃渣场；将墩位处所有护筒全部串联在一起，泥浆可在护筒之间相互补给，可减小钻孔提钻、混凝土灌注过程中孔内泥浆标高的变化速度，有效防止孔内泥浆溢出污染环境。

现场作业中大桥人这些缜密巧妙的构思和创作，同样是将建桥工程抽象艺术化的探索和追求。试问，谁又能够将其翔实生动地表现在大桥建造的画面中呢?

整座大桥的构筑就源自建设者的群体造型。我相信仅从他们的肢体语言就足以解读生命如虹的奉献主题，或许飞驰而过的高铁是最亮丽的一笔，跨越和腾飞永远是百年京张路上永恒的色彩。

大桥人说，桥梁是精美与永固的结合体。科学施工、优化方案的过程，同样也是一个凝神聚力、勇于创新的过程。他们坚持主桥墩基础采用直径 2.5 米摩擦桩，主桥墩打桩 15 根，边墩打桩 12 根，桩长 60~90 米，俨如扎进地层深处的强大根系。与此同时，他们将官厅主桥水中墩承台施工，由原设计的双壁套箱围堰方案变更为钢板桩围堰方案，使施工时间大大缩短，仅用不到 3 个月时间，完成了主桥 9 个大承台的工程量。钢板桩围堰比双壁钢围堰施工工期缩短了近 6 个月，为桥梁建设的精雕细琢争取了充足的时间。

建设中的官厅水库特大桥。

摄影 / 王明柱

项目部党工委副书记瞿沛介绍说："为了保证工期，我们采取了技术革新，改双边顶推为单边顶推。这样不需要等到枯水期才开始作业，节约了近10个月时间。"官厅水库特大桥主桥上部结构原设计钢梁架设方案为两端顶推施工，因官厅水库水位上涨1.8米，导致南岸拼装场地全部被淹，要等到冬季枯水期水位降下去之后，才能设置顶推场地。按原方案施工既耽误工期，又需增加费用近1 000万元。项目部转而采用单边顶推，所有问题均迎刃而解。

另一个好处是，所用"顶推法"旨在尽力减少水面上施工，防止施工物品掉落到湖里，影响水库的水质。钢梁在岸边上像搭积木一样拼装好，然后用缆绳拉到湖中央，高标准达到了环保要求。

官厅水库特大桥座落在水库上，是京张高铁的控制性工程，与京藏 G6 高速公路并行。摄影 / 刘权国

那么，什么是顶推法施工呢？

《中国土木工程百科词典》对顶推法施工的定义是：在桥头沿桥轴方向将逐段预制张拉的梁向前推出使之就位的桥梁施工方法。据资料记载，顶推法施工最早于1959年，由德国莱昂哈特教授在建造奥地利阿格尔桥时首用；1974年我国在陕西狄家河铁路桥首次采用；1993年建造西延铁路刘家沟大桥时我国成功采用连续顶推技术。

项目部副经理、项目总工程师高光品介绍说，桥梁顶推法施工可以发挥悬臂拼装法和悬臂灌注法的优点，可以做到工厂化、机械化施工，甚至不需要大型运输和吊装设备，进而节约人力物力，有利于缩短工期。但是，由于官厅水库特大桥顶推动力集中在一端桥头，采用水平千斤顶方案，属于长距离顶推，桥墩承受水平力对桥墩的稳固存在风险。每次顶推时梁体必须超顶，这样就对顶推法施工提出了极高的精度要求。

不是同一个工程量级，无论是施工规模还是技术改进都不可相提并论。

大桥位于“大风口”处，按规定6级以上的风是不允许吊装作业的。他们在现场安装了测风仪，专门有安全人员对风力进行监控，以保证钢梁拼装作业的安全。现场主桥8孔简支拱形钢桁梁共计重达1.49万吨，每孔钢桁梁拼装自重1 865吨，需用3万多个高栓将其连接组合起来，就像一列整装待发的空中舰队。

在蓝天之下，碧水之上，只听一声令下，一场轰然而动的顶推作业循序进行，施工现场惊心动魄、震撼人心。主墩墩顶设置6套顶推系统，每套顶推系统配置2台200吨水平连续千斤顶，随着连续千斤顶协同牵引加力使巨型钢梁徐徐前移。从钢梁拼装、顶推到位，到最终实现主体完工，他们历时8个月的精工细作，一步一步打造出了大桥的铺陈之美、张力之美、磅礴之美。

可谓大国工程，巧夺天工之术，令人叹为观止。

远远望去，人在整座大桥的衬托下，犹如蚂蚁般忙碌于墩台钢梁之间，人的渺小与伟大演绎得淋漓尽致。高空之上，卢威、贺若旭几名青年员工正在进行高位落梁作业，这是顶推作业最后一道工序，也是个关键落点，具有较强风险性。具体操作是把钢梁下 14 层垫压的铁块一层层撤掉，使钢梁缓慢坐落在桥墩支座上。一孔重达 1 865 吨的钢梁必须保证两端平衡，才能平稳降落在预定支座上。一旦出现倾斜偏离，那后果严重到不堪想象。

进入冬季，官厅水库渐渐结冰，最低气温已达零下 11 摄氏度，加上每天光临的朔风劲吹，在室外站上几分钟就感到透心凉了。如果再站在 20 多米高的桥梁上，很快就被冻得手脚发僵。严冬时节，天寒地冻，即使穿着棉袄、棉裤，戴着棉帽、手套，也难当蚀骨的寒冷。卢威和贺若旭他们就咬牙坚持高空作业，奋力移动着沉重的铁块。每个铁块都重达 300 千克，每一次移动都需要掌控力度。清冷高悬的月光，将他们精神高蹈的身姿投影在官厅湖洁净的冰面上。

在大桥人的鼎力拼搏中，官厅水库特大桥不断茁壮成长，竣工的时间表也随之清晰排列出来。

——2017 年 4 月 17 日，大桥首孔拱形钢桁梁顶推到位，大桥进入钢桁梁快速施工阶段。

——2017 年 11 月 11 日，随着千斤顶将钢梁顶推到位，8 个造型优美的拱形钢桁梁如一道道长虹跃然湖上，大桥主桥主体工程完工倒计时开启。

——2018 年 1 月 16 日，大桥主桥 8 孔钢桁梁最后一孔落梁成功，标志着大桥主桥主体工程提前 10 个月完成。

——2018 年 5 月 15 日凌晨 1 时 23 分，随着施工现场 2 号钢混结合梁桥面板浇筑完成，宣告了大桥工程全部完成。

碧水蓝天之间，一如飞虹凌波，官厅水库特大桥正式贯通。

看桥梁
像做体操一样空中转体

“9月17日凌晨5点，京张高铁土木特大桥的两段悬臂梁开始转体。40分钟后，如巨人臂膀的两段悬臂梁在转体31度后，在空中实现了精准对接。土木特大桥全长3 503.48米，位于河北省怀来县土木镇和官厅水库之间。大桥要依次跨越大秦铁路、京包铁路、京藏高速公路三条交通要道。其中大秦铁路为大同至秦皇岛的双线电气化铁路，是一条繁忙的运营专线。”

2017年9月18日18点20分，中央电视台《新闻直播间》主持人字正腔圆地播报着京张高铁建设取得的突破——土木特大桥空中实现精准转体的消息。大桥项目部的员工都争相收看，高光品也不例外。他作为项目部副经理、总工程师，也想做一次普通观众，心情轻松地看看这场现场直播。因为昨天他一直奋战在现场，是一位现场作业的参与者和指挥者。

高光品，生于1982年，人清瘦，戴眼镜，毕业于石家庄铁道大学桥梁专业，或许是经年的风雨历练，或是本身的职责所系，他比同龄人显得沉稳持重了许多。

只要与他谈起建桥，就能真切感受到他的心思很重。他说自己还是第一次搞这么大的工程项目，唯恐做不好，心理压力很大。原来体重 180 斤，现在降到了 140 斤，为了一个工程竟然耗掉了 40 斤肉。消亡了多少脑细胞呢？那就不计其数了。

想想就不敢掉以轻心：项目部所承建的土木特大桥分别采用（60+100+60）米墩顶转体连续梁、框架墩加简支箱梁、（72+128+72）米连续梁形式跨越。大桥依次跨越大秦铁路、京包铁路和京藏高速公路，三条路分属太原、北京铁路局、河北省高速公路管理局管辖，涉及权属单位多，施工组织协调难度大；同时上跨、临近既有线路，还不能长时

中铁大桥局施工人员在土木特大桥进行施工。

间耽误线路上的火车、汽车运行，施工安全风险也高。

很显然，这座土木特大桥采用转体桥模式，也就成为了解决所有问题的最佳选择。

所谓转体桥即采用转体法施工的桥梁。桥梁转体施工是指将桥梁结构在非设计轴线位置制作成型后，通过转体就位的一种施工方法。可以将在障碍上空的作业转化为岸上或近地面的作业。根据桥梁结构的转动方向，它可分为竖向转体施工法、水平转体施工法，以及两法相结合的方法，其中以水平转体法应用最多。

高光品他们承建的土木特大桥就采用了水平转体法。此类工法主要适用于上跨峡谷、河流、铁路、高速公路等不能做支撑的情况。

早在 2015 年 1 月由中铁大桥局承建的山东邹城市 30 米上跨铁路立交桥，整体旋转后，成功跨越了京沪铁路。该桥转体长度达 198 米，转体重量达 2.24 万吨，堪称世界上最重转体桥，刷新了比利时的本 · 艾因桥 1.96 万吨的原纪录。

毫无疑问，我国的转体桥施工技术已趋向成熟，业已走在世界前列。但是高光品悬着的一颗心却始终放不下来。坐在台下看台上高手精彩表演，不等于自己就能登台表演成功。2017 年 2 月 22 日那天，当首根桩基一次性浇筑成功时，他心里就反复琢磨盘算了。土木特大桥单墩转体重量为 5 613 吨，两个桥墩同时转体，合计转体重量 1.12 万吨，是京张全线转体最重的连续梁。连续梁与大秦铁路相交角度为 38 度，转体长度为 49 米，转体角度 31 度。虽然说这种量级与同行前辈创造的世界纪录相比，可谓小巫见大巫，可是连续梁转体跨越大秦线上空，梁底与桥下高压接触网立柱顶面最小间距仅 3.63 米。这不得不引起他的内心警觉，甚至能从类似噩梦中惊醒，惊出一身的冷汗。

中铁大桥局副总工程师彭建萍曾以磨盘原理比喻转体桥的转动原理，项目部在施工中进行了多种技术创新，他们对转体系统的转盘、球铰、滑道、千斤顶等组成进行了细致检验，为桥梁转体施工做足了前期准备。

进入9月中旬，天色明显黑得早了，吃过晚饭，想到明天就要实施大桥转体作业了，高光品在脑子里又把明天的施工预演了几遍。感觉没啥纰漏了，可以睡了，却睡意全无，辗转反侧。

那天天没亮，高光品早早起床做准备。早上5–7点是铁路运输的“窗口期”，只能争分夺秒，利用这段时间准时完成桥梁转体作业。

高光品对我说，他觉得那天冷得出奇，冻得人有些缩手缩脚。除了本单位员工和新闻媒体记者，还有许多附近的老百姓闻讯而至。大家听说大桥能像做体操一样空中转体，出于好奇纷纷赶来看热闹。

这样一来，原本枯燥纷繁的建桥工程多了一群观众，转体梁施工现场竟然成了一场直播的舞台表演。他们告诉乡亲们，所有与施工作业无关人员，都必须待在安全区域。

只听一声号令，施工作业人员各就各位。随着旋转梁作业启动，两个大型千斤顶开始加力，高光品的心也随之收紧。考虑到转体重量大、转动角度大、梁体较长等因素，保持平稳转动是转体的难点。

高光品不由地紧握了拳头，只见笨重的梁体先是轻微抖动了一下，随即像巨型表针一样缓缓转动。有人紧盯着自己腕上的手表，就感觉时针好像变得慢了，直到40分钟之后，连续梁上跨大秦线铁路转体才精准对位成功。

这时候，高光品听到人群中爆发出掌声和欢呼声，他分神望了一眼东方的天空，看见天边泛起一片红霞，不由舒了一口气，一直收紧的心随即放松下来，竟然发现自己手中攥出了一把冷汗。

有人或许不解，本来就是胸有成竹的事情，为什么搞得如此小心翼翼如履薄冰呢？高光品他们自有心得体会。所谓“大胆设想，小心求证”，与之相对应的谨慎再谨慎、严谨再严谨，不正是他们在实践中万无一失的秘诀和法宝吗？

新保安特大桥连续梁跨京包线转体施工。
摄影 / 韩冬宇

桥梁转体的重头戏过后，随后的工序顺理成章。此次转体工程跨越的大秦线为西煤东运的主通道，每天运行列车有 160 列，煤炭运输异常繁忙，关乎国计民生。为此，大桥连续梁转体后合拢段采用“钢壳法”施工，以大吨位吊机将钢壳吊装段整体吊装到位，并与预埋段焊接牢固，确保后续施工不影响既有铁路安全营业。

土木特大桥完美收官，为京张高铁全线转体桥梁起了示范作用。

2018 年 11 月 8 日凌晨，东方欲晓，最后一方混凝土被建设者浇注到钢模中。京张高铁五标段项目部完成了全部轨道工程施工，成为全线第一个实现轨道贯通的标段。京张铁路公司总经理余泽西称赞说，京张工程五标段是全线进展顺利、速度最快、

新保安特大桥连续梁跨京包线转体后合拢。
摄影 / 韩冬宇

完成任务最好的标段。

在京张高铁工程建设期间，国铁集团、中国中铁多次带领俄罗斯、尼泊尔、伊朗等外国铁路考察团前来现场观摩考察。外国友人对官厅水库特大桥的施工速度、安全质量，以及精美工艺给予了高度评价，赞美京张高铁展现了中国蓬勃发展的新成就、新风貌。

今天是个风轻云淡的日子，官厅湖水面倒映着蓝天，遥望水天一色，不倦的水鸟湖面上翻飞，低吟着古老的恋歌。那些被湖水滋润的陈年往事儿，依然在湖边的村村落落流传。

我眼中的官厅水库特大桥，正昂扬站立在一片耀眼的霞光里，犹如披上了一层镀金的铠甲。我发现远处的天边又出现大片红霞，红得浓烈如火，不由联想到远古时期的怀涿盆地，联想到明代的“土木之役”古战场，联想到解放战争著名的“新保安战役”。

此刻，正值花晨月夕，只是又要告别。送我去车站赶车的年轻司机说：“我们就像打仗一样，工程完工之后，立马起营拔寨，也要凯旋了。”

“独立怀来羽树间，淩秋一望意偏闲。平原旷衍迷千里，古戍逶迤抱两山。近郭云连青嶂路，傍河人住绿杨湾。如今扈跸勤征伐，奏凯还从此处还。”我说，“正巧，刚读到一首写怀来的古诗，主要是最后一句贴切。‘奏凯还从此处还’，情境意境都很适合，送你了。”

他说，再见了，官厅水库特大桥。

大路朝天，架起通向云端的天梯

乘火车盘旋于著名的居庸关关沟段，人们不禁感叹：老京张铁路翻山越涧，车穿行在山雾缭绕中，人神游在天际云水间，京张铁路也称得上第一条“天路”呢。

我沿这条“天路”来到怀来县，下火车搭乘汽车行驶过以英雄命名的“董存瑞大街”。司机师傅对我说，怀来是董存瑞的家乡，他舍身炸碉堡的地方是隆化，因此两地都建有烈士纪念馆。

怀来县城不大，说话间来到中铁三局的京张高铁六标段项目部。迎面绿树成荫，脚下花草铺地。我不由地赞叹：嘿！环境不错。

大门两侧分列安装有 8 盏太阳能照明灯，看上去颇为新潮。进门望见大字的标语：珍惜机遇和荣誉，把握重点和难点，树立丰碑和口碑。细细琢磨一下，对仗规整、朗朗上口、内涵丰富、言之有物。

我们先是绕项目部转一圈儿，院子干净整齐，物品放置有序。有几块专栏或展牌，大多写满技术指标、工程进度等数字。我留意到其中一块展牌，上面写有：自2016年3月26日进场，京张六标先后实现京张全线十七项第一。项目部工委副书记李大伟补充说：“应该是十八项第一，还有一项没来得及添上去呢！”

嘿，十八项！这第一拿得过瘾，中铁三局不愧大名鼎鼎。

李大伟笑着介绍：“不夸张地说，我们建成的铁路能占中国铁路通车里程的十分之一。”

随后在会议室与党工委书记杨祖胜、副总工程师宋峰交谈，杨书记说话如竹筒倒豆子。他介绍说项目里程长度25.4公里，包括路基、桥梁，另有正线铺轨310.82公里，站线铺轨10.71公里，制架梁580孔，预制Ⅰ型双块式轨枕40万根，还有钢轨焊接、放散锁定、轨道精调等线路相关工程……

我说早听说你们主要承担铺轨工程，几乎囊括了京张高铁全线里程，铺轨可是你们的亮点和绝活儿啊！杨书记点头说：“还是让宋峰放一下我们拍的片子吧，先看一看能了解得更直观些。”

激昂的背景音乐响起，大屏幕呈现出铁路现代化施工的宏大场景：视野宏阔的铺轨基地、雄伟壮观的龙门群吊、巨无霸般的架桥机、钢铁巨龙似的铺轨机……金戈铁马裹挟风雨而来。我顿时被一组镜头的壮美画面所震撼，这显然是一处高架桥上的轨道线，铺轨机像耕种机将轨道向着远方铺设开去。在蓝天白云的衬托下，视线向前，再向前，两条钢轨犹如一架延伸的天梯通向高远的云端……

这是举向天空的道路

思绪回到来时的路，从老京张铁路的车窗望过去，需要一种微微仰视的角度。两条并行的轨道间，是百年沧桑的巨变和升华，是忘年之交的交流与共勉。

京张高铁与京沪高铁有着不少相似之处：比如都有较长距离的轨道铺设在高架桥上。京张高铁正线共有 66 公里是架设在空中桥梁上，加上既有线升级改造部分路基加高，京张高铁开通后，在列车飞驰的途中，你若能随机捕捉到十几秒钟高铁入云的优美意象，也会引发无尽的诗意和遐想。

张海哲团队就是一群把道路举向天空的人。

现年 34 岁的张海哲是一名高级工程师，同时担任着铺架分部的党支部书记。那天我请他讲讲他们团队在京张高铁铺架箱梁的故事，他只用了几句话："三次下穿上跨桥受限，四次架桥机调头，十次要点作业，填补两项国内空白，取得三项京张全线第一。"

言简意赅，业绩骄人。

官厅水库特大桥除了钢桁梁部分，其他桥墩上的箱梁都由他们铺架。土木特大桥等转体桥，除了连续梁，其他箱梁的铺架也由他们完成。他们承担了六标段全部 457 孔和五标段 123 孔共 6 座桥 580 孔箱梁架设，还有京张高铁正线 428.41 公里铺轨的任务。

当时，一副副沉重的担子压在了这些年轻的肩头上。他们端了端肩膀，发誓说：我们接得住！担得起！

2016 年 10 月 26 日 10 时许，河北省怀来县沙

900 吨箱梁在京张全线实现首架。

摄影 / 韩冬宇

城镇良田屯京张高铁梁枕场内，伴随着一阵鞭炮燃响、礼花升空，一孔长 32 米重达 900 吨的箱梁开始吊装。在人们热望的目光里，箱梁从身披盛装的 JQ900B 型架桥机腹腔中缓缓前行、下移，稳稳地落在新保安特大桥第 100 号桥墩上。现场人群顿时发出一阵欢呼。铺架分部在京张全线四家架梁单位中率先擎旗，项目部在京张高铁全线的第八项第一诞生。

大家心里都清楚，京张高铁的开通日期决定了京张高铁的建设工期，整个工程要求丝丝入扣，环环相接，上一道工序衔接下一道工序，就像一条大型生产线。对于每个参建团队来说，更像是参加一场接力赛，每个参建者都要以冲刺的姿势和速度，一棒接着一棒传递下去，一直冲到终点。

张海哲掐着手指计算："我铺架箱梁你必须先把桥墩浇筑好吧，我铺架好了箱梁紧接着还要铺轨吧，铺好了轨人家还要架接触网立杆，架好了立杆还要接触网放线吧，安好了接触网线，人家还要上车联调联试吧……"

不用猜就知道，他们眼前遇上了"拦路虎"：全长 15 公里，由 441 孔 900 吨箱梁和 3 处连续梁组成的新保安特大桥，尚未完成浇筑的 3 处连续梁犹如三道天堑，就横亘在他们跟前。

施工中谁都可能遇上坎儿，人家肯定着急，可张海哲心里更着急，因为他们等不起啊！

可光着急不是办法，还是要急着想办法。

对呀！大伙儿赶快想辙吧！张海哲他们脑筋急转弯儿，一拍脑门儿，有了。咱们改变战术，就来个南征北战、北征南战。

突破重重困难，向着节点目标，专业团队用智慧跨越天堑。他们决定在架桥机原有 2 次调头的计划之外，再增加 2 次大奔袭！于是，一场穿插前进、争分夺秒的突击战全面打响。

——2016 年 11 月 27 日，至 82 号桥墩，架桥机调头改向张家口方向架梁；

——2017 年 8 月 23 日，至 414 号桥墩，改向北京方向架梁；

——2017 年 9 月 21 日，至 34 号桥墩，改向张家口方向架梁；

——2017 年 10 月 22 日，至 453 号桥墩标段终点，又改向北京方向架梁。

辎重的车轮滚滚向前，犹如钢铁装甲劲旅，昂扬的架桥机 4 次调头奔袭，4 次突击成功，一路攻城略地，将一度耽误的工期一天天夺了回来。

2017 年 12 月 20 日 18 时，天色向晚，在明亮灯光的照射下，JQ900B 架桥机机组人员将一孔 900 吨箱梁稳稳地架放在太平堡特大桥的墩台上。青年员工们以胜利的手势，宣告京张六标段箱梁架设任务提前 71 天完成。

再创佳绩，六标段项目部成为局管内第一个完成架梁工程的单位，同时夺得了在京张高铁建设中的第十四项第一。

一鼓作气，夫战，勇气也。

他们没来得及喝上一口祝捷的酒，更不能放松绷紧的神经，排列好进攻队形，又向京张五标段挺进了。

在向京张五标段土木特大桥转移过程中，高大的运梁车要驮运着架桥机在既有线路基上行驶，要连续下穿京新高速公路和地方道路的两座桥梁。车临桥下一测算，运梁车驮运的架桥机总高 13.8 米、宽 17.8 米，而两座上跨桥前者宽度窄了 6.5 米，后者高度低了 4.2 米，架桥机均无法正常通过。

怎么办?

还能怎么办? 速办!

他们需要把架桥机的三个支腿和上横梁全部拆掉，才能满足高度和宽度的要求。正常解体应该在箱梁场进行，需要 15 天才能完成。但为了抓紧时间，减少往返路程，项目部当机立断，决定就在路基上对架桥机进行解体搬运。

必须把机械“大卸八块”。可是受到场地制约，吊车站位困难。机组人员四下瞭了一眼，随即采用在排水沟上垫木枕的方法，以增加路基的宽度，又经测算完全满足受力要求，再经报批后精心组织实施。此举不仅节省 8 天时间，同时首开了国内 JQ900B 型架桥机低位驮运的先河。

2018 年 1 月 3 日，土木特大桥开始架梁了。有两道难题陡然横在了面前：大桥有 35 孔待架箱梁处于 25‰下坡，需要对架桥机进行技术改造；其中又有 5 孔梁上跨京包铁路运营线，需要在铁路“天窗”点内作业。下坡架梁导致架桥机前伏后翘，极易发生向前倾覆，存在极大安全风险；“天窗”点内施工，时间紧，任务重，分分秒秒，都需要周密安排，一旦“砸点”，中断运输“大动脉”，后果严重!

一连串困难没有消退他们的意志和信心，反而激发了他们创新攻关的勇气和劲头。

项目部经与设备制造厂家沟通，制定了切实可行的设备改造方案。重新改进机械设备，架桥机 32 个走行电机全部更换大功率，前端 1 号柱用事先加工的铁墩垫高，经一番精准到位的技术改造，特制大坡道架梁机安全投入作业，首开了国内 JQ900B 型架桥机大下坡道架梁的先例。

他们驾驭着架桥机，一路向前。上跨既有线架梁科学做好请点计划，确保落实架梁方案与应急预案。5 次“天窗”要点，5 次“天窗”点内完胜，如期完成架梁工序。

他们人机一体，举重若轻、收放自如、技能高超，将质量保证、安全防护、作业工艺，在高空展现到了极致。

2018 年 4 月 26 日，官厅湖畔风景秀美，远处群山如黛，近处波光潋滟。一台橙色的大型架桥机正在紧张作业。身着蓝色工装的机组人员一番熟练操作，最后一孔 900 吨箱梁与官厅水库特大桥钢桁梁精准落位对接。现场指挥员用一个惯用的手势表示完美。

张海哲告诉我，这是他们建设京张高铁的收官之作。在全线四家架梁单位中，他们率先完成了所有架梁任务，也为项目部在京张高铁建设中赢得了第十五项第一。

踏平坎坷成坦途

2018 年 11 月 1 日上午 10 时，京张高铁钢轨首铺仪式在京张高铁六标施工现场——河北省怀来县怀来梁枕场举行。现场指挥员一声令下，全线第一对 500 米长轨准确就位，标志着京张高铁全线铺轨工程正式拉开序幕。

面对众媒体记者，项目部经理张民栓胸有成竹地表示，整个铺轨工程预计 2019 年 5 月底完工。

如此算来，全线铺轨仅用半年时间。

在大庭广众之下，张民栓敢如此放出话来，显然是经过了深思熟虑的。他当然心知肚明，他们完全拥有这样的底气和实力。

他们在工厂化方面，推行 6S 管理，实现工厂化生产、统一配送，保障产品质量；在专业化方面，分部采用专业化分公司配置，下设专业化架子队和作业班组，提高施工水平；在机械化方面，采用大型铺轨机、架桥机等先进设备，箱梁采用先进提运架设备，钢筋加工采用数控弯曲设备、RPC 盖板采用自动生产线，既提高工效指标又改善作业条件；在

怀来铺轨基地 500 米长轨群吊。 摄影 / 韩冬宇

中铁三局的铺轨工人正在精心施工。
摄影 / 原瑞伦

信息化方面，分级建立智控中心，通过远程监控系统结合 BIM 技术对现场施工实现可视化管理，利用周界预警、塔吊监控等智能硬件对危险源实时监测分析，实现安全生产数字化预警，轨枕利用 RFID 电子标签实行生产生命周期管理。

尽管早有预判，接踵而至的困难还是超出了最初的想象。在铺轨施工中，参建员工直面国内首次 24.737 公里 30‰以上连续大坡道无砟轨道铺轨，以及国内首次 30‰大坡道有砟轨道铺轨。他们没有退路，只能迎难而上。

4 月，应该是春暖花开的季节，张家口坝上的寒风依然凛冽，时有阵阵狂风袭来，沙尘随风四处漫卷，无孔不入，直往人的衣领、袖口里钻，甚至钻进人的耳朵、口鼻、眼睛。

东方欲晓，天刚蒙蒙亮，铺架分部副经理黄建超匆匆洗了一把脸，便急忙赶到铺轨施工现场。空气中混合着机器的轰鸣和味道，他像平常一样按程序认真巡视铺轨进度，又一个点一个点地检查发动机、液压系统、制动系统等设备。

眼下的地势北高南低，京张高铁线路部分路段有近25公里30‰以上的连续大坡道。也就是说，在1公里的距离内，铁路线路高度上升或下降的幅度达30米。

此前国内还没有铺设30‰坡道轨道的先例，现有的铺轨机设计爬坡能力无法满足京张高铁轨道工程的需要。

“有问题就要解决，有困难就要克服。”这是黄建超常说的一句话。黄建超机组团队和有关技术人员强强联合，经过反复技术交流和计算论证，对原有设备进行升级改造，将原来先并联后串联的液压马达改为8台液压马达全部并联状态。改进后既可以保证门架的空载运行速度，又可以满足门架重载运行时的驱动扭矩提高，保证了重载运行的准确对位，达到了铺轨施工的安全要求。

说到这里，我体会到了当年詹天佑先生的有心无力：限于机车动力和铺轨技术的严重不足，30‰以上的坡道就成了他不可逾越的天然路障。

对于今天的铁路人来说，这些都不在话下。大路朝天，所向披靡，京张高铁可以加速度长驱直入，一路高歌向上、向前。

张海哲告诉我，像这样大起伏的上下坡地，八达岭以北的线路也常有。他们通过改造机械设备等技术，保障了铺轨施工的顺利进行。由于隧道内正常信号通信无法使用，给隧道内施工带来安全隐患，项目部开发智能工程运输指挥系统，使用电子防护器，实现隧道内工点与施工车辆，以及车辆与车辆间的接近报警，为隧道铺轨提供了安全保障。

我在施工现场目睹了大型有砟铺轨机作业的壮观场景。铺轨机是由拉轨机、平板大列和主机共同组成的。拉轨机如同一台牵引车，将 500 米的长轨从后面平板大列上牵引向前。紧随其后的大列如同一列重载火车一样，上面装载有长轨和轨枕等备件。铺轨机就在前进中自动将 200 千克重的轨枕，依次以 60 厘米的间距精准排放好。每条长 500 米重 30 吨的钢轨在铺轨机的作用下自动实现双轨铺设焊接。大列上配置的运送车前后滑动着，将装载的轨枕不间断地运送向前……整套智能化程序配合得无懈可击，动作精准流畅。

张海哲指着铺轨机介绍说：“这台铺轨机采用履带式走行，适用于

有砟轨道，而采用轮胎式走行更适用于无砟道轨。我们在实践中对其做了相应技术改造，机械结构增设了滑台组和自动抬轨装置，电气系统增加 PLC、变频器、同步控制器等，实现了在牵引钢轨过程中滚轮的智能化放置和钢轨牵引后滚轮的智能化收取。”

铺轨工人正在进行铺轨作业。

摄影 / 原瑞伦

现场施工的员工宋修武说：“过去铺轨都靠人与人之间协调，平时看着这钢轨硬邦邦的吧，可是抻几百米长就好像一根软面条儿。靠人力装卸长轨，听吹哨口令指挥，相互之间用力不均，就可能引起钢轨变形。现在机械化装卸、铺轨省时省力，还能保持导轨不变形。”工程师张海哲接着话头说：“人工铺轨一天可能是 500~1 000 米，机械铺轨基本上能够保证 1 500~3 000 米。从轨料装卸开始，我们研发了 500 米长钢轨的群吊智能监控系统，32 台龙门吊动作一致，在智能化集中控制系统操作下，整齐划一地伸出铁手，抓住钢轨起吊装卸。确保吊装过程中钢轨不会变形，也提高了轨道铺设质量。”

整个工程将铺轨与焊轨连为一体，而钢轨铺设焊接水平直接影响着高铁运行是否平稳舒适。

中国焊接工程著名专家、中科院院士潘际銮说：“我国钢轨焊接标准自成体系，符合中国特点和目标。按高铁标准，焊接轨缝的误差必须控制在 0.1~0.3 毫米之间，其目的就是铺设无缝线路，消除钢轨之间的接缝，使轨道更平顺。”

目前，中国在焊接技术等各方面都进行了前

所未有的研究和实践。中铁三局在铁路铺架、城轨铺装、动调管理、长轨焊接和轨枕预制方面，具有丰富的成功经验。截至目前，他们的焊轨班组团队已累计完成铺焊轨长度达 13 000 多公里，其中高铁焊轨完成 8 000 多公里，约占国内开通高铁里程的 1/3。

项目部党工委副书记李大伟介绍说，他们注重焊接放散质量控制，引进了铁路无缝线路智能管理系统，实时采集、分析无缝线路放散及锁定过程中的钢轨温度、拉伸等数据，解决了隧道内外温差较大、过渡段数据采集困难的问题，为八达岭隧道长轨焊接提供了技术保障，也为京张高铁日后维护提供了可靠数据。

项目部铺架分部现年 49 岁的老焊工薛建峰是一位高级技师，他向我详细讲述了他们严格遵循的焊轨工序。他说，先进焊机操作技术已远不是过去传统的焊接方法了，现在钢轨接头处最高温度可达 1 400 摄氏度，两根钢轨在高温下迅速挤压融为一体。按高铁标准，焊接轨缝的误差必须严控在 0.1~0.3 毫米之间，钢轨焊接后，还要通过正火等工序，以增加钢轨的强度韧性，紧接着打磨平滑，再用超声波探伤仪检查。

我一时找不到别的参照物，无法量化 0.1~0.3 毫米究竟有多么细小，于是问该有几根头发丝儿的直径呢?

薛建峰说："应该是两三根头发丝儿的粗细吧！

无砟轨道铺轨施工。
摄影 / 韩冬宇

所以今天高铁跑起来，再听不见‘哐当哐当’的响声了。”

过去文艺汇演时，口技演员只要模仿“哐当哐当”的响声，观众立马就能想到一列火车开过来了。这种单调有节奏的声音，至今留存在许多人的往日旧梦里。

进入高铁新时代，一改人们固有的传统认知，坐高铁再也听不到“哐当哐当”的声音了，以往描写火车常用的“铿锵”一词恐怕也要成为陈词了。

高铁千里两根轨，轨道没有了接缝儿，旋转的车轮平稳地通过，车轮的声响也被拉成了一条直线，高铁就犹如贴地飞翔一般。

难怪有人要探秘呢，说高铁轨道下藏着“硬币竖立8分钟不倒”的秘密。

一则《中国高铁咋这么稳？是因为中国高铁总设计师晕车》的消息在朋友圈迅速刷屏。这还要从中央电视台《开讲啦》栏目说起。主讲人是中车青岛四方机车车辆股份有限公司副总经理、总工程师梁建英，她主导研制了5款高铁动车组，包括最近投入运营的“复兴号”。京沪高铁开通之际，热情讴歌京沪高铁的设计者和建设者的诗集《大地飞虹》中就有一首赞美她的诗歌——《动车玫瑰》。

在现场互动环节，梁建英说她有个习惯，每到

京张高铁铺轨全线贯通。

摄影 / 韩冬宇

一地就要体验一下当地的轨道交通。她出差去瑞士时，买了一张苏黎世到日内瓦的车票，沿途风景确实很美。不过，坐上车就像坐船一样，就这么悠来晃去的，她就开始晕车了。她说她希望自己设计生产的产品，一定要让大家坐在上面能够有一个良好的体验。

节目主持人撒贝宁随即抖了个包袱，说，再有人问为什么中国高铁这么平稳，可以告诉他：这是因为中国的高铁总设计师晕车。

现场观众爆发出一阵笑声和掌声，也引发了众多网友的热议和思考。中国高铁发展是个综合工程，除了设计制造层面上的高标准、高质量，譬如减震装置、轮对的精度等，轨道铺设焊接、保养也至关重要。

民间流传一句歇后语："麻袋上绣花——底子差。"意思是说，粗糙的麻袋底子上，绣不出精美的花儿。

路基轨道就如同"底子"，而且是高铁精工制造的好底子。

托起钢铁的脊梁

如果把高铁线路上铺设的钢轨比作钢铁的脊梁，那么托起钢铁脊梁的就是钢轨下的箱梁和轨枕了。

王艳红就是筑造箱梁和轨枕的人。

我在京张高铁建设工程六标段采风期间，专程到她所在的怀来梁枕场采访参观，在那里见到了身着宽大工装的王艳红。

王艳红是个很干练的中年女人，她说从小就深受大伯的影响。大伯在铁路工务段上班，每天都身穿蓝色的铁路制服，一排镀铜的衣扣上刻有路徽标志，看上去帅气极了，叫她心里羡慕不已。

1994 年她如愿考上了哈尔滨铁路工程学校，1994 年 7 月毕业后到铁路工作，历任中铁三局桥隧公司新郑桥梁厂技术员、助理工程师、工程师、安质部主任等职，2016 年 6 月 24 日，因为京张高铁建设需要，新郑桥梁厂整体搬迁到京张高铁建设工地，王艳红担任京张高铁六标怀来梁枕场总工程师。

王艳红告诉我，他们分乘好多辆汽车，浩浩荡荡就出发了，千里转战到怀来，随后就在这块空地上建起了高标准的梁枕场。她强调说，京张高铁建设要求高，各项指标都高，起点自然也高。

我站在梁枕场的院子里四下张望，发现它建在了一处铁路高架桥的下面，桥上不时有工程车隆隆驶过。王艳红说，就是利用工程的空地建起来的，等到京张高铁建好通车了，还不知道这梁枕场要挪到哪儿，真不愿它再拆迁了，自己亲手建成的，有感情了。

我能理解她的心情，这里的厂房、设备，乃至一砖一瓦、一草一木都倾注着他们的心血和汗水，

双块式轨枕车间中控台。

摄影 / 韩冬宇

甚至泪水。

行装甫卸，人员还没完全安顿下来，京张项目部就对梁枕场下达了“2234”任务目标，即：2个月完成临建建设，2个月预制出第一孔箱梁，3个月完成箱梁取证，4个月实现全面生产。

为了实现这一刚性目标，从梁枕场领导班子到每一个员工，大家不分白天黑夜加班加点，装卸物资设备，召之即来。王艳红白天在现场对施工方案及技术交底检查落实，晚上研究图纸及规范，每天休息时间压缩到5个小时左右。

建场前期，临建施工与制梁准备同步进行。施工现场生活条件不具备，租住的宿舍比较远，面对工作生活现状，她不曾退缩和怨天尤人，每天早6点半到晚上8点坚守在工地一线。经过46天的不懈努力，他们成功预制出了京张高铁全线第一孔箱梁，同时实现了前两个目标。

而她跋涉的脚步并没有片刻停顿，联合工程部及相关部门集体办公，对箱梁的取证工作做好精心准备，并于10月6日顺利通过取证，成为全线箱梁取证的第一家单位。

随着前三个目标的如期实现，制梁工作得以有序进行。预制轨枕工作紧随其后，也在2017年4月份启动。她作为技术领头人，面对不断出现的新课题、新挑战，一直保持着勇于迎战不服输的高昂士气。

她查阅资料，研究图纸，解读规范，向前辈请教，与同行共勉，带领技术人员一路攻关克难，终于再下一城——2017年8月13日顺利通过轨枕取证。

万事俱备，只欠东风。

王艳红说，东风就是科学技术的东风，他们接下来的目标就是打造全自动智能化轨枕生产车间。

怀来梁枕场承担着京张高铁41万根双块式混凝土轨枕的预制任务。高速铁路无砟轨道双块式轨枕生产的质量控制措施要求较为严格，采用

京张高铁第一孔箱梁浇筑完成。

摄影 / 韩冬宇

国内先进的自动化设备和智能化系统。优化各工序作业和生产线集成统一控制的自动化、智能化势在必行。

据了解，双块式轨枕智能工厂项目完全按照中国制造 2025 国家战略规划，组建了以国铁集团为核心引领，中铁三局与有关科技公司联合研发，针对全线重点标志性工程，重点构建轨枕生产智能化无人车间，志在全力打造国内轨道交通产业第一条全自动智能生产线。

我站在双块式轨枕智能化生产控制台前，透过整面的玻璃墙壁，双块式轨枕自动化生产线的运作流程一目了然。操作台面上排列有五六十个红、黑、绿、白色的按钮，所有的指令都是由这里发布和传递。一根根双块式轨枕从钢筋捆扎、混凝土浇筑，到成型脱模、保养、预埋套管安装，直到被无人驾驶叉车运走、码垛……整个生产过程全部自动化。

这是一个宽敞明亮的封闭式无人车间，四周有玻璃墙隔绝了噪声粉尘污染，确保了环境卫生达标。人员在四周外围长廊里行走观摩，能看到机器人操作有条不紊，机械臂有节奏地扭动；无人驾驶叉车犹如鬼使神差，一次次穿梭行驶其间。

行走长廊里张贴着各项规章制度，更有丰富多彩的科普图文。我一眼就认出了那张著名的机器人照片，这位名叫索菲亚的机器人创造了历史，成为全球首个被赋予公民权的机器人。引起我注意的还有关于工业4.0时代的追求目标。

自18世纪后期，以瓦特发明的蒸汽机改进运用为标志，第一次世界工业革命从英国骤然兴起，到近年德国提出的工业4.0时代，世界工业走过了两个多世纪的科技创新之路。人们普遍认为，18世纪引入机械制造设备的工业是1.0时代，20世纪初的电气化与自动化是2.0时代，20世纪70年代开始的信息化是3.0时代，现正在进入工业4.0时代，即智能化时代。

我想，梁枕场致力于打造出双块式轨枕智能化生产车间，通过技术研发增强生产能力，并企望更多切入高端智能化领域，他们正在受益于已经抵近的工业4.0时代。

王艳红说："我们在双块式轨枕智能化生产的研发过程中受益匪浅。在提高和保证了产品质量同时，大幅度提高了工作效率，降低了劳动强度和成本，减少了污染和能源浪费，将自动化、智能化产业与传统土木工程完美融合，对小型混凝土构件全自动化预制施工进行探索与研究，充分体现了'精品工程、智能京张'的建造理念。"

她现场举例说：这套管与螺旋筋组装就是个费时费力的活儿，人工组装连续装好4件，手上就磨出了泡，人就觉得很疲劳了。改为智能自动化生产之后，机械臂是不会磨出泡的，只要维护好设备，它就会不知疲劳地组装下去。

再有模具清理工序，以往人工需要 4~6 个壮劳力，用钢丝刷使劲儿清理残渣，不小心钢丝飞溅起来，还容易伤人。工人浑身脏污，累得精疲力竭，还不如机器人清理得干净。

还有脱模剂喷涂工序，人工喷涂要全身武装，若是酷热天气能捂出满身痱子，对人的呼吸道、肺部很难说没有伤害，也不如机器人喷涂得均匀。

总之一句话：自动化、智能化生产线带动了质和量的提升和飞跃。

他们对双块式轨枕生产线各工序进行优化和改造。除了对模具清理、脱模剂喷涂、预埋套管及螺旋筋安装，还对桁架钢筋及箍筋安装、混凝土浇筑、

智能大型铺轨机带着沉重的轨枕和钢轨在南口大桥上自动铺轨。

摄影 / 原瑞伦

吊装码垛、轨枕蒸汽养护、拆垛脱模、轨枕检测、轨枕清理扣盖、轨枕运输、成品二次养护等13个工序做了自动化、智能化优化改造。

王艳红告诉我，通过采用自动化设备和智能化系统生产技术，现场人员由原来的47人减至18人，解决了传统方式存在的人员投入多、劳动强度高、安全风险大、质量把控难、环境保护差等问题，提高了生产信息精度和生产线整体连接配合，同时绝对保证了双块式轨枕的产品质量。

重要的是他们开拓了一片全新的技术领域，填补了土木工程自动化、智能化预制施工的空白，提升了中国铁路建设行业的实力，用行动落实了习近平总书记“中国制造向中国创造转变，中国速度向中国质量转变，中国产品向中国品牌转变”的重要指示，为中国高铁品牌的发展、创新和推广，向世界展现了不竭活力与广阔前景。

在向工业4.0时代的进发中，王艳红们功不可没。

王艳红说，她只是一名普通的女工程师，很荣幸能在智能京张的建设中贡献一己之力。她也是京张高铁建设现场唯一的一名女总工，同事们都说她巾帼不让须眉。她整天穿着肥大的蓝色工装，将自己混淆在一片男性世界里，有的时候，她真想用老家河南豫剧的曲调，哼上一句《花木兰》的唱词“谁说女子不如儿男”。

当和她谈起家人时，她的眼里顿时噙满了泪水。去年父亲患膀胱癌做手术，她只在医院陪了3天就回到了工作岗位；儿子上高三时她顾不上管；如今公爹偏瘫三年……她背后默默站立的都是全身心支持她工作的亲人啊！

与王艳红道别时，我不由地回望了一眼，看见她和她的同事们还在挥舞着手臂，他们身后的背景，正是京张高铁伸向天边的轨道线。我想，他们已将身心浇筑成了一孔孔箱梁一根根轨枕，他们就是一群托起钢铁脊梁的人！

一路盛景，连接故乡与远方

1909
1910
1911
1912
1913
1914
1915
1916
1917
1918
……
2010
2011
2012
2013
2014
2015
2016
2017
2018
2019

“不须候吏沙头报，驿站悬知是古城。”自古以来，远行路途中都需要停靠站点，从早时的驿站到如今的车站、港口、航站，世上没有不作停留的旅行，即使到浩瀚的太空遨游，也需要建立空间站。

铁路运输产品的名称叫“位移”，即获得位移的旅客和货物，计量单位分别为人公里和吨公里。由此我联想到所谓旅途就是人与物在站与站之间的行程。

难道人和物的位移只是产生了地理位置的变化吗？显然不是。这里且不说货物的位移带动经济繁荣与发展，只说人的位移就足以让整个世界充满向往、期待、想象和诗意。

毫不夸张地说，一条铁路从建设到通车关联着千家万户，牵动着亿万人的身心。从甲站到乙站，每一个车站都连接着故乡与远方。

我在京张高铁建设工地采访，感到惊艳的就是分布于京张沿线的高铁站房。青年工程师雷海燕向我介绍说，这些工程建设都由中国铁路北京局集团有限公司站房工程项目管理部具体负责，雷海燕就是这个站房工程管理部综合部的职员。他们这个管理团队有 37 人组成，李敬中担任站房工程项目管理部主任。

李敬中 1964 年生人，显然是一个老铁路了。他在京张高铁站房建设中不断创新优化设计理念，将“优质、生态、人文、廉洁”元素融入工程管理的每个环节，将“畅通融合、绿色温馨、经济艺术、智能便捷”的工程要求落实到每个步骤，全身心打造新时代客站的典范工程。他带领的团队 2017 年、2018 年连续被北京局集团公司评为先进单位。2019 年底完成了京张高铁 9 座新站 33 万平方米及崇礼支线的建设任务，创建京张站房精品工程 10 项、智能工程 11 项，确保了京张高铁如期开通运营。

我从清河站出发，沿着京张高铁，经过昌平、八达岭长城、下花园、宣化、张家口等车站，一路上精彩纷呈，一路上目不暇接。

我惊喜地发现，每座车站均独具匠心，各有千秋，每座车站均亮点十足，美轮美奂，堪称现代盛景；每一处建筑都宛如艺术创作，个性突出，当地特色与文化元素融合于智能科技，可谓同中显异。

百年京张，百年接力。从北京北站到张家口站，在同样的路径上，日月旋转的车轮见证了中国铁路从蒸汽时代、内燃时代、电力时代，追随着不断提升的加速度，迅速跨入高速智能的领跑时代。

百年京张，百年辉煌。从北京北站到张家口站，在同样的站点上，风雨叠印的足迹见证了中国铁路由当年几间青砖平房、几条木椅长凳的老站房，到具有智能化综合服务功能的新站房的巨大变化。

清河站，京张线上综合体量最大

如今的清河站就坐落在繁华市区，走在北京的上地东路上，一眼就能望见日渐长高长大的清河站了。在设计理念上，新清河站被赋予了“海纳百川”的寓意，站房采用曲面屋顶、抬梁式悬挑屋檐等结构，意在体现北京古都风貌，凸显古韵新颜。

在明媚的阳光下，“清河站”三个醒目大字在巨大的飞檐下熠熠生辉。中铁建工集团项目副总工程师杨洪涛介绍说，清河站的站名一改高铁站惯用的隶书字体，沿用了京张铁路老清河站的字体，以此向百年京张致敬。

我在一位现场施工人员的指引下，找到了那座具有110多年历史的清河老站房。在分期完成了整体平移之后，清河老站静静地坐落在新站东南侧的轨道旁。据史料记载，始建于1906年的清河老站，因清河镇而得名。当年为中西合璧风格的6柱5间式建筑，中间3间为候车室，外部为券门。1949年以后，清河站历经改造，站房三处拱券添加了门窗，南侧向西接出一间房屋，屋顶的铁瓦更换成了彩钢板。老站房中央正上方，由京张铁路建造总办陈昭常题写的站匾毁弃，好在站房两侧竖匾幸存至今。

近日，清河老站房经过修缮，清除墙面涂料，恢复了磨砖对缝、灰色外墙、土红色门楣，重新竖立起中央站匾，又重新再现岁月底色。清河老站作为当年京张铁路上一座三等小站，见证了百年历史风云变幻。詹天佑先生曾在此勘测、施工、验收。1912 年 9 月 8 日，孙中山先生曾在清河站下车视察京张铁路。令人欣慰的是老站房整体平移后，会以博物馆的形式保存下来，展现新老京张跨越百年同站同框的景观。

我在瞬间完成百年一瞥，目光越过老站房的屋顶，延伸到新站房高大的墙壁上，还必须再扬起脸才可以望见新站房翘起的飞檐。清河站的前世今生就这样蓦然展现在历史的时空之间。

清河车站的建设者和技术人员合作作业中。
摄影 / 原瑞伦

清河新站依据地形走势坐东朝西，我第一次到访正是午后时分，斜阳透过高大的玻璃墙壁，将整个站房前厅照得通体明亮。新站房建筑面积比老站房足足大了400多倍，总建筑面积达到约14.6万平方米，是京张高铁线上体量最大的车站。这里与北京北站相距仅11公里，也是京张高铁始发站之一。站台设5台10线，车站地下两层、地上两层、局部三层。地下二层为地铁昌平南线延及19号支线站台层及设备层；地下一层为城市通廊、高铁与地铁换乘空间、地下车库；首层为高铁进站厅、站台层和地铁13号线站台；二层为高架候车大厅，局部三层为商业服务场所。旅客穿梭在庞大的交通网络间，高铁与地铁可以实现无缝换乘，使出行变得更加顺畅舒适。

清河新站整座建筑气势恢宏，玻璃幕墙外附全阳板，可以自动调节厅内光线；进站大厅壁画将新老京张铁路建设的历程进行了精心提炼与艺术呈现，恢宏的画面中，长城、峰峦、轨道、隧道、站房、桥梁、蒸汽车头、复兴号、盾构机、架桥机、铺轨机等元素隐现其间。

进站大厅两侧折板墙各有8连屏图案，将国家博物馆、民族文化宫、北京南站、北京西站等著名建筑分类呈现，以灰色系渐变马赛克与金属镶嵌相结合的方式，展示中华古都的风姿新貌。

站厅内分布有多个综合信息岛，外立面上采用带纹样石材浮雕，铺排着著名车站和铁路沿线重要桥梁，勾勒出“八纵八横”高铁网络，让旅客能随时感受到中国铁路的发展与变化。

在站厅地面上，镶嵌有百年京张的历史见证——苏州码子。这些横竖条纹、圆圈斜杠组成的特殊符号，是一种曾在中国民间流行的数字。老京张铁路的早期标志上，就曾用这种标志符号来标记里程等信息。另外，还有经过艺术设计的老京张铁路“人字坡”小型铜板雕刻，更有微缩版从1909~2020年的《百年京张铁路编年史》。

清河站作为北京冬奥会的保障车站，将在冬奥会期间承担大量的运动员接送任务，自然少不了冬奥会的运动元素。旅客进入二楼候车大厅，就会看到顶部7条由西向东倾斜屋脊拼接而成的滑雪道，优美地演绎着“动感雪道、玉带清河”的设计理念。

年轻的项目工程技术部长熊云帆告诉我，整个建筑从图纸到落成是一个实现设计意图的施工过程，就像打造一件工艺品一样，需要建设者的精心雕琢打磨，甚至要进行多次再创作。

譬如大型钢结构施工，清河站候车大厅屋盖最大跨度84.5米，外部

悬挑端最大长度为20.5米，桁架呈空间交叉型，支撑点为钢管混凝土柱。站房钢结构的安装构件多，由主桁架、次桁架、悬挑桁架及相应的钢梁组成。如此大跨度的主桁架，结构单元截面尺寸大，构件重，场内作业现场狭小，施工难度明显增大。

如何破解难题呢？

气势恢宏的清河站。

他们集思广益，采用合理的半逆作施工方法进行分段吊装，先施工屋盖钢结构，再施工站房内部结构，将吊装设备走行于承轨层，通过临时支撑结构完成屋盖钢结构的安装，其他内部钢框架直接吊装就位。同时保证其他专业各工序合理进行平行流水作业。

技术员王广超说，清河站屋面采用东西走向的坡面，坡顶向西山开放，传承北京独有的特色坡屋顶格局和风貌，同时利用阵列A型柱结构，站房突出了空间结构美学，各个功能空间均在大屋顶的覆盖之下，呼应海淀区“海纳百川”的城市寓意，更强调了车站的地标性特点。

他们利用大型车站的施工经验，由深化设计团队对装饰节点进行优化，充分利用现代化的BIM施工技术，完善工程的整体模型，对各关键区域进行模拟，将工程的装饰装修，以及细部节点进行深化设计，力求做到精益求精、美观、实用。

王广超举例说，他负责站房屋顶施工时，发现天窗西侧迎水面存在设计缺陷，很容易在下大雨时造成积水。与设计师沟通后，在此部位做了两个锐角结构，增加了劈水功能。同时提议对建材材质、厚度、色彩、固定连接方式做适当调整，从而达到了最佳效果。

他又和同事张成陪同我到车站大厅走了一圈儿，手指着室内的大理石地面问我，这大理石地面的缝隙咋样？我仔细观察发现缝隙均匀，纵观横看都是一道直线。他说其实每块大理石边沿都有细微误差，拼在一起难免缝隙大小不匀，怎么办呢？

他们就增加了一道“洗缝工艺”，也就是顺着缝隙切上一刀。这是名副其实的“一刀切”，使得大理石地面更加整齐美观了。

他说像这种动小心思得大改观的实例，他们做了很多。譬如主站房东立面外幕墙增加柱头装饰，以避免柱头外露影响美观；譬如站台核心区九处空洞增加“人”字形吊顶及灯具造型，似飞鸟翱翔，意象灵动，并与雨棚结构高度契合；站台地面增加五色石材，可短期呼应奥运畅想，长期增加空间识别性和区分度。

清河站也是第一座全线采用智能技术建造的高铁站，无处不在的智能工程就分布在可见或不可见的不同部位。

譬如火灾自动报警系统及消防联动系统。消防控制室可接收感烟、感温探测器的火灾报警信号，以及水流指示器、检修信号阀、报警阀压力开关、手动报警按钮、消火栓按钮的动作信号；消防控制室可显示消防水池、消防水箱水位，显示消防水泵

清河站西大厅。

的电源及运行状况；消防控制室可联动控制所有与消防有关的设备。

譬如站内垃圾输送系统，不再需要垃圾车，每个垃圾桶都连接管道，垃圾直接输送到车站专设的垃圾站。

另外，智能工程还包括有线电视系统、楼宇自控系统、安全技术防范系统、智能照明控制系统、光伏发电系统等。

让旅客能感受到的智能化服务，多项也属首例。

首次使用综合服务中心，为旅客提供票务、问询等综合服务。旅客领到号码后只需坐在休息区等候，听到叫号后前往办理，从而减去旅客

窗口排队的不便。

首次使用站厅票务综合一体机，机器集售、取、改、退及公安制证为一体，极大便利旅客，如遇多种不同需求，不用再多头跑路。

站厅内设置了全国首台可视化远程售票机，分别安装在一南一北车站外侧。不会使用电子购票的旅客可以像打电话一样，按下通话按钮和售票员视频对话，告知需求后，按要求把有效证件等放在机器的相应区域，即可直接出票。

目前，新型检票闸机全部安装到位。京张高铁同时启用电子客票，旅客不需要持票进站，凭有效身份证件、12306动态二维码就可进站。

总而言之，智能化车站，人性化设计，贴心式服务。不信您就亲身来体验一把，清河站恭候您呐。

八达岭长城站，隐形于崇山峻岭中

北京几天前刚下过一场雪。雪霁天晴，城里的雪随即融化得不见了踪影，可我来到八达岭长城站的时候，八达岭景区滚天沟内的雪还未消融。在冬日阳光的照耀下，山地的雪反射着刺眼的光芒。

八达岭长城站出乎我的想象，以至于我走到了站房跟前都没认出它。站房工程项目部的谌龙平书记呵呵一乐，说："这就对了，要的就是这种效果！"

他们在站房外装幕墙施工时，对每一块石材的大小、形状、位置等细节都做了合理规划，保证每一块石材砌筑精确无误，体现了致力精品的匠心工艺。

通过采用石材砌体与钢筋混凝土框架相结合的复合体系，不仅使仿古石材幕墙与周边山林环境配搭得当，也为工程建筑经受风雨洗礼、延长使用年限提供了质量保证，更是契合八达岭长城厚重的历史古韵。

我站在八达岭景区四下张望，竟然没看见哪里是八达岭长城站，仔细观察才发现它隐身在长城脚下的站房，并不起眼儿。它就是在八达岭长城的索道对面依山而建的三个体块，在绿色植被的掩映中，宛如长城垛口一般。做旧仿古的山石墙上阴刻有“八达岭长城站”字样，不是特别留意很难能一眼瞅见。尊重自然就不能破坏环境，显然这一切都是有意为之，追求的就是不彰显不夺目，意在一个“隐”字。隐形于山，靠结构美展示装饰效果，正是八达岭长城站的设计理念。

地面站房呈“神龙见首不见尾”之势，主体和功能尽量布置于大山深处，总建筑面积49 500平方米。上车旅客从地面站房进站口乘扶梯向下，到达可容纳1 500人的地下候车大厅乘车，而下车旅客则由地下站台乘扶

梯向上直到出站口。车站分别设为站台层、进出站层和设备层三层结构，是目前全球车站层次最多、开挖洞室数量大、洞型构成最复杂的暗挖洞群车站，也是埋深及提升高度最大的地下高铁站。

项目总工程师胡维对我说，工程原计划挖山体30米，形成一个斜坡。景区管理部门划出一道红线，以防对山体造成破坏。他们只能改为预制装配式锚杆挡墙施工，就是在山体上进行基坑放坡开挖后，采用锚杆肋柱式槽板预制拼装工法，进行竖直挡墙支护，消除了基坑放坡施工对原始山体的破坏。

八达岭长城站预制锚杆挡墙。

我在现场看到这道锚杆挡墙足有18米之高，紧贴着垂直而立的山体，的确起到了保护山体、美化环境的作用。胡维强调说，为最大程度减少对周边自然环境的影响，他们在八达岭长城站施工中，分别在站房屋面种植佛甲草，在广场局部种植国槐，在山体侧面种植五叶地锦，以便形成自然绿化景观。这样既利用各种苗木实现清洁空气、吸尘降噪，又使地面建筑和植物景观融为一体。

很显然，他们在地面站房上花费了大心思。那么，如何实施深层地下车站的建设呢？

国内外尚无实例可供参考借鉴，他们又该如何突破技术难点？又要倾注多少心血呢？

胡维告诉我，根据地下洞室多、结构复杂、机电大型设备多、站房作业区狭小、施工难度大等特点，他们在工程全过程运用BIM技术，实现了三维可视化展示，使每个参建人员可直观理解设计方案和意图。通过模拟场地的整体布置情况，实现了“目标设定、模拟优化、跟踪展现、分析调整”一体化管控，以便提前发现和解决问题，确保了施工优质有序、安全高效。

中国铁路北京局集团站房工程项目管理部的高级工程师蓝燕强主要负责八达岭长城站、昌平站等项目建设管理工作。他说：“在现场塔吊和围挡上，安装了监控视频，与手机端的App联系在一起，无论我是不是在工地，都可以实时监控到整个工地上的情况。在围挡周边，还有山体两侧，都有自动喷淋系统及环境监测系统，它们是联动的，如果PM2.5超指标了，便会自动报警。”

他强调说，车站深埋于地下百米，人员安全是第一位的。站内设置有环形的疏散通道、智能的应急救援系统及消防系统，各种预想措施有备无患。

按照站房工程原计划，23万立方米的基础土石采用爆破施工。环顾四周，就会发现基坑南侧及东南侧为山体林区，西南侧为长城博物馆，北侧及西北侧为景区商铺及停车场，其复杂环境无疑是个不小的挑战。

蓝燕强敏锐地意识到事态的严重性。如果采用爆破作业，尽管工程进度快，因其产生的震动、噪声、污染，极有可能对历史文物造成不可恢复的损毁，又该如何向世人交代呢？因此他多次组织参建单位与爆破专家研究论证，最终敲定改用机械冷凿开挖。随后，8台破碎锤挖掘机投入施工，犹如8只巨型的钢铁啄“石”鸟，昼夜凿山不息。此举可谓一举三得，既消除了因震动可能引起的环境破坏，又保证了工程进度，还不会影响景区游览。

针对八达岭长城站站房开工晚、工期紧的状况，他们在砌体填充墙施工阶段，采取二次结构免支模的施工工艺，实现了构造柱与砌体施工同时进行，节省了工期，成型感官质量好，避免了构造柱施工传统方法工序多、耗时长等弊端，为后期抹灰施工质量控制创造了更好的条件。

针对地下站房设备层四段风管截面超大的状况，他们通过采用装配式风管拆分安装，既解决了因场地和空间受限的材料运输问题，也规避了传统焊接的环境污染和安全隐患等弊端，取得了低碳、便捷、牢固的多重效果。

针对站房候车厅、进站厅框架立柱无装饰的状况，他们采用一次浇筑成型的清水混凝土施工工法，直接由主体结构混凝土本身的肌理、质感和精心施工的明缝、禅缝，以及对拉螺栓孔等，组合形成一种自然状态的装饰面，使框架立柱呈现浑然天成的外观效果，更加增添了八达岭长城站古朴、庄重的天然风格。

八达岭长城站别有洞天。我在八达岭长城站内

八达岭长城站内，工人们正在安装通风系统。

摄影 / 原瑞伦

八达岭长城站与周围的环境相互融合。

外上下观览，赞叹整座站房皆为力与美的完美结合。看得出即便是卫生间施工也颇为讲究，对地面、墙面、吊顶等局部都分别进行了深化设计，不曾出现错缝、乱缝和小半砖等瑕疵，追求“一条缝到底、一条缝到边、整层交圈、整幢交圈”的美观效果，体现了简约装修的精细工艺。

最引人瞩目的是那一盏盏“人字灯”，在冷色调吊顶下如同雁阵一般，映衬着暖色调墙面和哑光地面，像一幅生动立体的画卷铺展开来。据项目总工程师胡维介绍，八达岭长城站站台及进出站通道吊顶采用照明、装饰及文化表达的一体化。“人字灯”作为吊顶造型新颖优美，有长 4.6 米、宽 1.8 米和长 3.4 米、宽 1.8 米两种规格。“人字灯”，首先是与詹天佑先生所设计的京张铁路“人”字形轨道相呼应；其次机电管线全部集成在人字灯具之上，可随时拆卸拼装，便于管线检修与维护。

夜如白昼，如梦如幻。此时八达岭长城上空繁星闪烁，地下百米车站灯光辉煌。车站内 1 197 盏“人字灯”闪闪发光，尤其是站台与扶梯上方排成一字长阵的“人字灯”，酷似一只只奋飞的大雁扶摇苍穹，给人以穿越时空的无限遐想。

下花园北站，古道驿马飞驰而来

在赶往下花园的路上，四野变得空旷起来，不时望见有旋起的风席卷而过，大有“尘土卷扬处，驿马飞驰来”的况味。不禁使我联想到下花园北站的设计理念：鸡鸣晓月、驿马飞驰。

远远地，望见了下花园北站高大的站房，很显然称得上是当地的地标性建筑了。项目部工区经理刘亚红对我说，这里原本有一座土山丘，车站及站前广场都是移山而建的。

来到新颖的车站前廊，车站整体外观形同弯月，并以现代风车叶片为造型，借用扭柱的旋转角度，有意将人的视线引向南侧的当地名胜，使得旅客站在每个扭柱处均可清晰望见鸡鸣山的景色。

刘亚红告诉我，因为当地环境适于风力发电，有民谣曰：“贺兰山口风速快，刮到草原无障碍。风力发电最节能，风车竖直如林海。”所以前廊立柱选取了现代风车叶片造型。在施工过程中，为巧妙运用地势扭转角度，他们又将扭柱的旋转角度进行了调整美化，由原来的 43 度改为 53 度。这样一来，人们的视线正好与鸡鸣山遥遥相对，思绪也能追随目光飞向这个传说中的“飞来峰”。

鸡鸣山可谓孤峰独秀，据考是十多亿年前在一次大地震中推挫而成，高耸于张家口市下花园东侧 2 公里处，气势壮观，历史悠久，被誉为塞外小泰山。北魏、唐、辽、元、明、清历代，都在鸡鸣山上兴寺建观，最盛时有寺庙百余间之多。

鸡鸣山脚下有“鸡鸣山驿”，这是当年北京通往乌兰巴托必经之路上的一座驿城，也是居庸关到达张垣这段塞北咽喉中驿堡规格最高、建筑功能最全、给养设置最多的一座驿城。有名的榆林驿、土木驿等都称为堡，唯有鸡鸣驿被称作驿城。如今其他驿站大多有名无实，只有鸡鸣山驿，驿以山名，山以驿传。或是因为京张铁路的贸易繁盛，促使驿站火爆兴旺，至今保存较为完好。驿站尚存的城墙、街道、寺庙、民居虽显破败，仍然依稀可见昔日原貌。山上有座文昌帝君小庙，门口楹联：“驿马萧萧报国兴邦犹在耳，旌旗猎猎闻鸡起舞正当时。”有激励后人奋发

图强之意。

据《辽史》记载，当年辽国萧太后多次南巡驾幸此地，见这里地势险要、风景优美，在此建起了上、中、下三座皇家御花园，“下花园”由此而得名。从赵王杀代王而其姊代夫人自杀，到宋辽交战、明朝土木之变，以及清朝康熙亲征噶尔丹，这片江山承载了太多的历史变迁。

我抵达下花园北站时，正是下午4点，火红的斜阳穿过高大站房的玻璃幕墙，铺满了候车大厅平整的地面。人在厅内走动时，地面上的身影也紧随着移动。站房南北立面大面积采用玻璃幕墙，利用自然采光，随阳光、月色、灯光的变化给人以动态的美，能起到天然节能作用。

下花园北站。

年轻的项目部负责人陈飞对我说：“不知您注意到没有，车站大厅是一座扇形建筑，前侧宽，后侧窄，这样就出现一个问题，每块地板砖都需要特制。他们经过计算核对，确定从前向后依次排列，每块地板砖必须渐次缩小2毫米，这样就要求对每块地板砖进行再加工处理，无形中增加了工艺的难度。”

经他这么提醒，我特意蹲下身来仔细观看了一番，顺着笔直的地板缝隙由近向远扫视过去，果真发现每块地板砖都呈等腰梯形，依次铺展开来，使整个大厅地面呈现出一个巨型的扇面，给人以艺术的美感。

建筑内部空间覆以代表当地风貌的陶土板幕墙，粗犷的材质仿佛带着窑口的温度，释放出土地原始的纯朴气息，让人联想起色泽温和、绿色环保、无辐射、无污染等诸多优点。

站房的立柱及铁艺栏杆，均以当地蔚县剪纸工艺为基调，结合京张高铁通用艺术图标LOGO、车轮和苏州码子，配以雪花等冬奥会元素，彰显京张百年变幻演绎的历史文化。

下花园北站位于主城区北侧偏东处，建筑面积为5 000平方米，站房布局采用中央进站式，中部为进站大厅、候车大厅，右侧为出站大厅；车站由地下一层、地上两层组成，站房设计为线侧上式，旅客通过10米宽钢结构天桥进出站；站内设置3台5线，雨棚、绿化等工程统筹考虑，一体化设计，确保车站换乘高效便捷，乘降空间安全舒适、景观绿化美观延续。

下花园北站的铁艺栏杆。

当地一位老者说，下花园北站超出了人们的预想，下花园老站没法儿与之相比，远不是一个量级。据詹天佑先生绘制的《下花园车站图》显示，当年站区设有站房、机车房、水塔等建筑。我到下花园老站走访，听车站工作人员讲，在历次车站改造中，最初的老站房、机车房相继被拆除改建，如今仅有一座老水塔幸存下来。水塔当年主要用于向鸡鸣山煤矿支线的蒸汽机车给水，荒废之后塔顶的水柜被拆除，塔基、塔身基本完整。

这座经历百年风雨的老水塔，已获得文物部门的文物认定而得以保护。据文化学者王嵬考证，京张铁路建成之初，全线共计筑造蒸汽机车水塔 11 座之多。尤其那些给机车上水的水鹤，站姿和名字都极具美感和诗意，但随着内燃机车取代了蒸汽机车，与之配套的水塔也逐渐荒废、拆除，仅 2 座幸存至今。下花园站水塔便是其中之一，也是京张铁路留下的唯一一座圆形水塔。

沿着京张铁路寻古访今，一路上感慨良多。站在下花园北站的高坡上遥望，能感悟到从老京张铁路到新京张高铁是一个历史的轮回，更是一种精神的升华。下花园北站是一座中转站，京张高铁正线与崇礼支线在此分岔，一条通往张家口方向，一条通往崇礼太子城方向。高铁线路的一撇一捺，潇洒地写下一个“人”字，与老京张铁路八达岭上的“人”字互为呼应，给人以不一样的思考和启迪。

张家口站，雪国境门新地标

张家口不愧为塞外山城，它极具雄浑苍茫之美。

站立在张家口站前的道路旁观看站房顶部呈弧线隆起，两侧呈自然滑落状，整座建筑新颖别致，线条流畅。站房以“雪国境门”为设计理念，将张家口大境门的拱门造型与自然地貌的弧形元素抽象化，融入百年京张“人”字形铁路形象，造型意象丰盈且富有动感。浅色的建筑材质，仿佛积雪山脉映于天际，契合了张家口地区广袤无垠的自然风光，呼应着日益临近的北京冬奥会。

当然欣赏美景需要一定的审美能力，更需要寻找到极佳的观察视角，最好能高空俯瞰。我在一张高处拍摄的站房屋顶照片上，很容易就分辨出了融于其间的大境门、“人”字形等诸多意象元素。

整个车站的造型舒展大气，与张家口四周的山势融为一体，给人以赏心悦目之感。设计建筑师冯越介绍说，这一设计并非单纯追求造型美观，还具有较强的采光、通风等实用功能。“人”字形屋顶下部安装有采光天窗，是调节室内环境的重要设施。白天的时候，基本上不需要开灯，可以达到节能环保的效果。

张家口站位于张家口市桥东区，地上两层，地下一层，局部夹层，总建筑面积约 9.8 万平方米。其中地下层主要为出站通道、城市通廊、停车库、城市轨道交通站，以及各类设备房屋；首层为北进站大厅、售票厅、办公用房、旅客服务及设备用房；二层为南进站大厅、售票厅、办公用房、高架候车厅及配套旅客服务设施。

在京张高铁开通之前，我曾到张家口站的建设工地采访，受到中建一局张雨波的热情接待。他毕业于南昌理工学院土木工程专业，担任站房工程项目部精品办公室主任，我说这是我在京张高铁建设项目部采访中第一次听到的职务。

张雨波笑着说，京张高铁就是精品工程嘛！我想想也对，精品工程设精品办公室本是题中应有之意。

张雨波告诉我，新建张家口站站房建筑总高度为 35 米，钢结构双向桁架体系最大跨度 48 米。如此高度和跨度，如果采取传统吊装模式，将屋顶分为 4 个区，4 次吊装，施工的难度很大。他们精心研究对策，决定采用液压千斤顶方式，数字化电脑智能控制。安装精度得以精准把控，实现了理想的安全优质高效。

在张雨波的引领下，我把即将竣工的站房巡视了一遍。候车大厅地面选用了花岗岩面层，东西侧墙面选用干挂背漆玻璃，用铝板雕刻画来展现张家口文化艺术元素；吊顶选用了弧形铝条板、机电单元顶部设置投影灯；弧形灯带线光源形式，跟随双曲面钢屋盖结构展现出建筑美感；候车厅中间机电单元与休闲服务区对称分布，信息岛服务功能周全而智能。

为满足旅客候车需求，卫生间采用防滑玻化砖地面，墙面为饰面砖，吊顶为整体硅酸钙板吊顶。洗手池下部采用了设置灯带的人性化设计，既美观又实用。

京张高铁开通的第二天，我再次走进张家口站进站大厅，映入眼帘的是综合植物、高铁、长城、山、水、云、飘带、苏州码子、人字纹等元素创造的浮雕《纽带》《生长》《纵横》……寓意中国高铁发展的无限可能性和永动生命力。

站内暖意融融，各大屏幕都滚动展现着坝上草原的丰美风光及当地生产生活的鲜活画面，让旅客从进站检票到持票上车，都能感受到浓浓的地域文化特色与时代气息。

设计者与建设者很用心。张家口气候冬日寒冷，站内的幕墙和座椅均采用了温暖的橘色，以营造温馨的氛围，提升旅客的舒适度。建筑立面采用了厚重实体墙与通透玻璃幕墙相结合的方式，实体部分抵御寒冷，通透部分可起到延续城市空间的作用。不仅有利于节能，也彰显张家口沉稳庄重的山城氛围。

我在敞亮的候车大厅里四下张望，有一位中年旅客过来搭话儿，我们说起了原来的张家口南站，他感叹说当年曾在张家口南站照过几张相片，候车室是“人”字造型的前脸儿，广场矗立有詹天佑塑像，今天想来都成了难得的留念。

张家口人都清楚，这座高铁站是在原张家口南站原址新建的。2017年11月11日午夜，当开往邯郸的K218次列车从张家口南站缓缓驶离，运营了半个多世纪的张家口南站完成了使命。次日零时起，原张家口南站相关客货运业务暂时转移至沙岭子西站办理。

原张家口南站于1956年建成投入使用。张家口老站的客货业务开始逐渐向南站转移，张家口老站也因此被人们称为“北站”。

我在张家口站开通前，曾专程到张家口老站走访。那天天气很冷，能明显看到人们口鼻的呼气，地上的雪还未完全融化。我看见原候车室的大门紧锁，透过门窗玻璃能看到这里很久没人进出了。在一位当地热心人的指点下，我顺着左侧一条宽胡同向里走，然后左拐到达铁道边，一眼就看见了一排似曾相识的老房子。

这是典型的1909年京张铁路老站房，整座站房有11个拱券，或许因张家口是终点站，当年可称得上规模较大的站房了。墙外侧的竖匾清晰刻有“张家口车站”五个繁体字，只可惜原来在站房中央券门上方的站匾没有保留下来。我曾看到过孙中山先生等人站在中央券门前的合影，被花枝装饰的券门两侧有分列的旗帜，中央站匾上书法体汉字，威妥玛拼音，年代特征明显。

站台靠北有一排同年代的老风雨棚，与北京北站东侧原西直门站风雨棚相似。木质结构尖顶向两边倾斜，因风雨侵蚀，棚顶已显破败，斑驳的颜色中可见装饰花纹，沧桑难掩旧时繁华。

张家口车站，工人们正在冒着风雨吊装施工。

摄影 / 原瑞伦

老站房已经改变了用途。我通过一道铁栅栏门走进小院里，一位中年女职工正在当班，她告诉我现在这里是客运乘务人员交接班的地方，不过很快就要搬走了，这些老站房都会好好保留下来。

我站在老铁路的一侧张望，与一位住在附近的铁路子弟巧遇。谈起这里的一切，铁练大楼、铁路大院、老房子、老站台、老枕木、老铁轨，他有着说不完的眷恋。他回忆说，小时候就常钻进车站里玩耍，尤其是夏天，和小伙伴们坐在站台上乘凉、看月亮，躲在风雨棚下看小人儿书、

打扑克，一处处熟悉场景，一段段青春岁月，全都铭刻于心。

他说，但愿这些百年历史建筑能长久保护下来，包括售票厅前那棵百年老梓树。那可是詹天佑先生当年亲手栽种的，经历了百余年的风霜雨雪，根深叶茂，树冠如云，渐渐地，长成了一种生命意象、一种精神象征，甚至成了当地人心目中的缕缕乡愁。

建设中的张家口站。
摄影 / 王明柱

当我转身与老站房告别时，禁不住回眸望了一眼，目光跳过三股老铁道，跃上对面的老站台，惊起地上觅食的几只麻雀。我看见老站围墙上写有几个大字："时光不老，我们不散！"

相信还会有人再来，对许多人而言，这里是安放回忆的地方；对于百年京张而言，这里是定格历史的场馆。

此刻，我站在张家口高铁站的高架桥上，场站内依次排列的 6 台 16 线尽收眼底。京张高铁、张大高铁、张呼高铁、京包铁路在此交汇，车流如织，一列列飞驰而来，一列列飞驰而去。

一路走访观摩，我发现京张高铁各站既有不同处也有相同点。不同处是站房建筑风格各具特色，多姿多彩；相同点是智能化服务基本相同，现代化的设计，高科技的"彩蛋"，一样不少。

一路领略欣赏，京张高铁全程10座车站，一站一景，入诗入画。昌平站的“古韵雄关”，怀来站的“葡萄美酒夜光杯”，东花园北站的“花园新城”，宣化北站的“古城新韵”，太子城站的“云水无界”……风格纷呈，美不胜收。

一路感受温馨。候车大厅宽敞明亮，候车环境舒适洁净，旅客进出站、乘降车便利快捷，电子客票、一证通行、刷脸进站、站内导航和自助服务等智能功能应有尽有。

京张高铁车站人头攒动，客流量明显增大。刚通车几天，清河站每天发送旅客超万人。张家口站负责人说，京张高铁开通后，乘客数量正以每天1 000人递增，预计人数将一直上升至春运高峰期。

“春运”是铁路人最繁忙的季节。自古以来人如归鸟，春节回家。古人袁凯的诗曰：“江水三千里，家书十五行。行行无别语，只道早还乡。”不管是否衣锦还乡，即使是潦倒到家，或是窝囊到家，总之到家就好。到家过年，就是温馨幸福，就是团聚圆满……春节是中国年，是春天的磁场。

匆忙的脚步，奔驰的车轮，高扬的手臂，翘首的目光，故乡的炊烟，心灵的呼唤……这一时刻，都能找到回家的路。

京张高铁开通了，少了拥挤、嘈杂、煎熬、焦急、无奈，春运的旅程变得轻松、舒适了许多。除了春节的行李，还可以随身携带足够的体面、从容、惬意和尊严。

其实，人生何尝不是一次总在路上的旅行呢。就像钢轨上的列车永不停歇地奔跑，生命中每一座驿站都通向故乡和爱，通向诗和远方，不是终点站就是始发站。

雪国境门，渐行渐近的繁荣和梦想

1909
1910
1911
1912
1913
1914
1915
1916
1917
1918
·
·
·
·
·
·
2010
2011
2012
2013
2014
2015
2016
2017
2018
2019

"……巍巍大境门，揽胜兹游再。晓日明战场，微风净埃壒。万帐屯中央，营开见旌旆……"这是清代举人俞鸿渐写张家口大境门的诗句。

或许就是因了一条京张铁路，将百年梦幻连接在一起，那些模糊的历史镜像似乎被人为拉近了，行走于大境门内外的驼队也仿佛变得愈发清晰起来。

詹天佑的确目光如炬。当年先生站在北京西直门，一定能望见张家口的大境门，京张铁路两条铁轨就是他向前延伸的视线。

詹天佑先生的《京张铁路工程纪略·序》中描述，此段京张铁路始建于 1905 年，是京包铁路的首段。"由丰台之柳村，趋东而北，沿都城，越清河，抵南口，穿八达岭，出岔道城，跨怀来、宣化，以达张家口，延袤三百六十余里。”

詹公天佑，披肝沥胆，四年告捷。

1909 年 10 月 2 日 8 时 30 分，汽笛长鸣，鞭炮齐鸣，一列精心装饰的火车从西直门站台缓缓开动，车头挂有彩花、松枝扎成的龙形饰物，还有两面黄龙旗交叉悬列。9 时 45 分，火车准时抵达南口，京张铁路通车典礼茶会就在此镇隆重举行，张家口火车站设立分会场。车站现场搭起了彩棚，可谓旌旗招展，锣鼓喧天，盛况空前。“开车之日，王公士庶及东西人士观者数万，咸啧啧叹为前古所未有。”

京张铁路，山河立传，名垂青史。

通观京张铁路全线路途，它起于繁华京城，以最佳角度掠过燕山山脉的重峦叠嶂、八达岭长城、雄关漫道、峡谷平湖、坝上高原……一路百转千回、起伏跌宕，抵达塞外重镇张家口。

想当年，京张铁路可是世上最具美学价值的铁路工程之一，在中国工业革命史上占有重要位置。

而如今，新建的京张高铁惊艳面世，重大意义不言而喻，深远影响也毋庸赘言。

不禁要问：一百多年前修建京张铁路是基于何种考虑？

我在京张高铁建设工地采访时，许多建设者经常提出此类问题，也时常与我讨论一番，论据多多，各抒己见，众说纷纭，俨然成了历久弥新的话题。

为什么当年要修建京张铁路呢？

两座城的目光对视

在中国五千多年的文明史上，一百多年的时光实属短暂，京张铁路当初兴建的原因称不上历史谜团，论者各抒己见只是认可众多原因中的某一种而已。

今天我们建京张高铁是基于国计民生考量，当年的京张铁路也非随意而建。

大境门与天安门不是一样的门，彼此有着不同的象征和意义，站在历史的某个节点上，彼此却是遥遥相通、紧密相连的。

从北京到张家口并非距离遥远，难以穿越的是路途上的崇山峻岭与沟壑纵横。尽管有重重阻隔，南北两地遥遥相望时，依然能够读懂彼此期许的目光。

历来中国对城郭的选址极为考究。首要讲究的是地理条件：有山可恃，有险可守，有水可依。北京城的地理位置符合以上有利条件，清朝吴长元的《宸垣识略》对北京赞誉有加：左环沧海，右拥太行，北枕居庸，南襟河济，形胜甲于天下。

北京的西部、北部均为山地，东部面临大海，南部为平原，地势上是一个半封闭的海湾，故有“北京湾”之称。西、北两个方向若想进入北京，唯有经过崇山峻岭中的峡谷关隘。关口遥相呼应，共同把守着进出北京的几条大道。尤以紫荆关、居庸关、古北口、山海关为重。

其中，唯有居庸关大道通达京师的边境之门——张家口。

自乾隆年间，清朝历任皇帝坐拥京城，遥望张垣之地，为之踌躇满志。

时有快马来报：张家口前屏京师，后控沙尘，坚如磐石，固若金汤。

时有臣工上奏：张家口店铺林立，车马辐辏，商贾云集，川流熙攘。

自古以来，张家口都是历史上能想得到、听得到、看得到、摸得到的地方。

京张高速铁路线路平面示意图。

张家口历史悠久，司马迁的《史记》明确记述了黄帝和蚩尤战于“涿鹿（隶属于张家口市）之野”，黄帝和炎帝战于“阪泉之野”，两战后“合符釜山”，将众部落的图腾整合为“龙”图腾，奠定了中华民族大统一的根基。

张家口素有“张垣”“武城”之称。嘉靖八年，也就是1529年，守备张珍在北城墙打开一小门，曰“小北门”，因门小如口，又由张珍开筑，故此得名“张家口”。

张家口地理位置重要，是连接京津、沟通晋蒙的交通枢纽，系京畿北大门，历来是兵家必争之地，也是抵御外侵的军事要冲。从战国时期，境内就有修筑长城的记载，周围群山里盘踞着8个朝代修筑的长城，现今保存完整的长城遗址达10余处，故有“长城博物馆”之誉。塞外雄关大境门就是与山海关、居庸关和嘉峪关齐名的长城四大关口之一。直到清康熙年间，康熙率军亲征，一举平定北方蒙古准噶尔部首领噶尔丹叛乱，边防逐步稳固，此后两百多年，张家口基本无战事，民众得以休养生息，经济得以恢复和发展。

历尽沧桑威仪犹存的大境门。
摄影 / 翟现亭

康熙五十二年，也就是1709年，张家口晋籍文人张自成被祥和繁荣的景象所触动，挥毫写下“内外一统”四个大字，请人镌刻在大境门外的石壁上，同时雕刻有满、汉、蒙、藏、梵等多种语言的吉祥文字，表达了当地民众对祖国统一、和平幸福的热切期望，同时印证了伴随战事的平息和远离，张家

口已由“武城”过渡为“商城”，逐步进入了“茶马互市”的贸易经济繁盛期。

京张高铁开通前，我再次到张家口大境门游览了一番，发现印象中雄伟壮观的大境门，尽管在几幢现代高楼的背景下显得低矮了些许，少了以往苍凉空旷之感，但其历尽沧桑威仪犹存。

大境门外有垛口内有雉墙，是一座条石基础的砖筑拱门，更是张家口的标志性建筑，被誉为“万里长城第一门”。门楣正中四个颜体大字“大好河山”是 1927 年高维岳将军所题，笔力雄劲，气势宏阔。据说早在 1644 年，清兵入关定都北京伊始，为了巩固后方，获取战略物资，就在边墙上开辟了大境门。但此说是否确切，史学界至今仍有争议。仅《万

全县志》中就有多处明嘉靖年间修筑的记载。

陪同我游览的导游小李让我仔细看看，“大好河山”题字下的大境门额，“大境门”这三个题字显得稚嫩单薄。原因是顺治元年大境门初开时，张家口的大商人请求摄政王多尔衮为大境门题字，没承想多尔衮心有所虑，交给商人的竟是顺治帝的御笔。当年顺治皇帝即位时年仅6岁，写成这样的字已是相当不错了。她说，大境门是清朝顺治元年所开，这就是依据。

宏伟现代的张家口车站。

万里长城所有防御关隘都以“关”命名，而作为京师锁钥的大境门，何以是唯独以“门”命名的关隘呢？从字义上看，这“门”与“关”相比，或许蕴含了开放、交流的意思吧。

与大境门相对应的还有小境门，古时称西境门，2007年才被发掘出来重见天日。史志记载，小境门开设于明万历年间。高，人不能骑马；宽，只能二马并行。门顶外沿为石券拱形，券洞内为青砖砌拱，门上设有闸板门，俗称“千斤闸”。小境门与南侧来远堡北门正对，关外人畜均由小境门控制，入关后人畜分道，门洞两侧长城与堡墙形成东西各百米长的夹道，以遏制大量军队侵入，设计可谓匠心独具。

明万历四十六年，也就是1618年，俄国派出裴特林出使中国。裴特林历时四个月，经张家口到达北京，在出使报告中写道："穿过城墙的边界后，就进入了中国城市锡喇喀勒噶。"这里的锡喇喀勒噶为蒙古语译，就是张家口市。裴特林所穿过的长城之门，正是张家口的小境门。

由此看来，小境门就像一个警觉的机关所在。"千斤闸"时刻提醒着人们，门的功能首先是关，然后才是开。明朝隆庆五年起，张家口大境门外元宝山一带，逐渐形成了史上被称为"贡市"和"茶马互市"的边贸市场，商贾云集，繁荣至极，生动勾勒出一幅商贸版"清明上河图"。

在此期间，来自蒙古草原和欧洲腹地的牲畜、皮毛、药材、毛织品、银器等，就在此地换成了丝绸、茶叶、瓷器和白糖，大境门外成为我国北方国际贸易的内陆口岸。以长城和门为界，做生意的外族人只能在城外交易。不同年代的大境门，被历史赋予了不同的象征意义。它曾是防御外侵、保卫京都的"军事之门"；它曾是康熙御驾亲征的"凯旋之门"；它曾是中、俄、蒙三国交易往来的"融通之门"；它曾是中国北方最早对外贸易的"开放之门"；它曾是中国人民解放军解放张家口的"胜利之门"。

如今京张高铁开通运营，大境门再次焕然一新，喜迎五洲宾客，必然是张家口蓬勃发展的"复兴之门"。

京张铁路应『运』而生

如今的京张高铁应运而生，可在当年国运衰败的晚清年代，老京张铁路之“运”就另有所指了。

1900 年 8 月 14 日，八国联军侵占京城，慈禧太后挟光绪帝仓皇西逃。后有当年护驾大臣回忆说，当时两人都换上汉人服装，光绪帝穿黑色长衫，一副年轻书生打扮；慈禧太后穿蓝色布衫，头发仅挽起普通大髻，一副老妇人模样。正值盛暑，君臣汗流如注，胸背黏腻，蚊蝇群集，狼狈至极。直到 1901 年 9 月，清廷签订了丧权辱国的《辛丑条约》，慈禧一行才由西安“回銮”。此时由比利时人修建的京汉铁路已通达直隶，有人建议慈禧由高碑店改乘火车进京。更有人质疑，迂腐顽固保守的晚清实际统治者慈禧一向将火车视为异物，她能接受这个建议吗？

1865 年，英国商人杜兰德在北京宣武门外沿护城河修建了一条 0.5 公里长的“展览铁路”——德小铁路。这是在中国最早出现、不具有实质意义的铁路。时间不久，清王朝便以“观者骇怪”为由，勒令拆除。

1876 年，上海怡和洋行英商未征得清王朝同意，在上海擅自修建了淞沪铁路，全长15公里，于1876年7月建成通车。这是中国最早办理客货业务的铁路。经营了一年多，清王朝不惜花费28万两白银将其赎回拆除。

没承想，这次境遇却大不同以往。想必是慈禧难于忍受銮驾长途颠簸之苦了，再加上新任直隶总督兼北洋大臣袁世凯刻意逢迎，慈禧欣然接受。改乘火车后，果然舒适快捷了许多。不及一日，火车即达丰台的终点站马家堡，出逃归来的慈禧一行竟像凯旋般荣耀和招摇。

慈禧初次乘火车尝到了甜头，便说来年清明要率文武大臣去西陵祭祖，以谢西逃路上列祖列宗神佑。当时从高碑店到易县清西陵37公里还没有铁路，善于揣摩讨好慈禧的袁世凯立即奏请，修建专供皇室祭祖之用的高易铁路。慈禧当即准允，命6个月内建成。

詹天佑被任命为高易铁路总工程师。他独立设计，精心施工，修建这条单线准轨铁路耗银60万两，并提前两个月竣工。慈禧西陵祭祖一路如沐春风，龙颜大悦，赏赐詹天佑等人修路有功。

1905年5月2日，担任直隶总督、关内外铁路督办的袁世凯上折：“前议筹设京张铁路，辄因工巨款繁，未易兴办。臣等查京张一路，为北方商务攸关，经派候选道詹天佑前往查勘估修。并公同筹商，以关内外铁路进款，目前颇有盈余，拟就此项余款，酌量提拨，开办京张铁路。”

朝廷即刻准奏。

张家口车站历史资料。

窃以为，詹天佑遵命修建祭陵专线，只能说获得了朝廷尤其是慈禧的肯定和好感。朝廷和慈禧绝不是为了成全詹天佑才修建京张铁路。

众所周知，在京张铁路之前，清朝时期已经修建了十数条铁路，譬如京汉跌路、沪宁铁路、津唐铁路、胶济铁路、东清铁路、京榆铁路等。不过，这些铁路几乎都由西方列强投资兴建，铁路所有权和管理权均属于西方列强，这让朝廷颇为尴尬和难堪。于是有人揣摩，晚清为了挽回一丝颜面，必须要修建一条属于自己的铁路，来证明自己并非一无所能。修京张铁路就等于往脸上贴金，以图保全清廷脸面。

窃以为，晚清的衰败已是根子上的腐朽，多少丧权辱国的勾当昭然若揭，置天下人耻笑于不顾。就说修建铁路一事，试想世界上有许多条铁路专线，供皇家祭陵墓的专线，而且仅用过一次的，恐怕除了清朝绝无仅有。晚清早已颜面尽失，再无保全脸面可言。

如此说来，倒是朝廷为增加税收偿还赔款一说，更加符合或接近历史的真实。

据史料记载：明朝在张家口一带设立“贡市”，后又设立“茶马互市”。汉唐时这条商道已有雏形，战时办军需，平时做贸易。

《河北省公路史志资料》也有记载：“张家口早在元代，便辟为驿路，明清两代又辟为官马大道。当时运送物资所走路线，多依驿站。”

鸡鸣驿是目前在北京周边地区规模最大的一座驿站。它始建于明代初期，也是目前保存最完好的一座驿站。鸡鸣驿因背靠鸡鸣山而得名，在此不是“闻鸡起舞”而是“闻鸡起武”。鸡鸣驿是当时北京通往张家口的交通要道和军事要塞，担负着军、民驿站的同时，也成了商家发聚之地。这里有北京连接起张家口的官马大道，就是闻名中外的张库大道。

张库大道起于大境门，穿过辽阔的草原、起伏的丘陵、荒凉的沙漠，从张家口一直绵延到库伦，也就是今天的蒙古草原腹地乌兰巴托。

张库大道是中俄贸易的唯一通道，张家口成为中国最大的茶叶出口基地和皮毛集散地，被誉为“陆路商埠”“皮都”。商人们从内地购来绸缎、茶叶、瓷器等，到蒙古草原交换回牛、马、驼、羊、皮货、鹿茸、麝香等，再从俄国商人那里换回羽纱、毛毡、鹅绒等。由于运输方式落后，在长城脚下、大境门外，马车、驼队云集，各类货物堆积如山。

1901 年，清政府被迫签订了丧权辱国的《辛丑条约》。面临本息共计 9.8 亿两白银的对外赔偿，清末国力衰微，京郊皇家御园荒废已有时日了。这些银两都要从中国的关税收入中支取。为此，清政府即使一向腐败透顶，也会做出逐利的决策，那就是修建京张铁路。

张库大道的繁荣和对外赔偿还款的压力，促使清廷把第一条国有实用铁路修到张家口。外国工程师认为京张铁路山高谷深，施工难度超出想象，如同鸡肋食之无肉弃之可惜，要价更高得离谱。所以清政府认为启用詹天佑更加合算，可以把京张铁路的投资压缩到最低。

这就是詹天佑之“运”，也是京张铁路之“运”。

1905 年 6 月，詹天佑完成实地勘测并在勘测报告中写道：“此路早成一日，公家即早获一日之利益，商旅亦可早享一日之便利，外人亦可早杜一日之觊觎；而路工之难，亦实为向来所未有。”这或许就是当年修建京张铁路的最佳答案。

从某种意义上说，当年詹天佑创业垂统，缔造这条钢铁的运输线。张家口不仅是一座火车拉来的城市，也是一座需要火车来拉的城市。

京张铁路的兴建，使张家口一跃成为继上海十里洋场、天津的通商口岸外的中国第三大外商聚集地。大量的物资流通，沿一条可与“丝绸之路”媲美的“张库大道”往返于内地及蒙俄、东欧市场。

辛亥革命后，张家口对外开放的步伐愈发加快了，1918 年新建的汽车队取代了骆驼队和老倌车队。据《张库通商》记载，1918 年对蒙古贸易商号增至 1 600 家，年贸易额达 1.5 亿两白银。

1923 年，张家口的商业兴隆，引来国内钱庄、票号达 42 家。山西祁县的乔家、太谷的曹家等大户均在其中。外国资本也纷至沓来，英国的德隆、仁记商行，德国的礼和、地亚士商行，美国的茂盛路、德泰商行，日本的三菱、三并商行等，总计达到了 44 家。

1928 年国民政府设察哈尔省，张家口成为省会。

1929 年国民政府与苏联断交，蒙古国关闭了中国的所有商号，张库大道中断。

至此，繁荣至极的张库大道走向衰败没落。

张家口火车站旧址仍保存着一排古朴的老建筑。谁也无法统计，张库大道究竟有多少物资是通过这里流转。尽管它有些落寞，但它是活生生的历史的记录者，是张家口曾经繁荣的见证。老站台上“张家口车站”五个字下面还有一行英文 kalgan，这是蒙语的英语音译：嘎尔干。有人解释是“大门”的意思，也有人认为可以引申为“商业都市”“陆路码头”。

京张高铁应约而来

京张高铁的到来预示着什么呢?

用经济学家的一句话来概括：京张高铁将成为拉动区域经济发展的新引擎。

百余年前的京张铁路带来边关贸易的繁荣辉煌，相信今天的京张高铁必将谱写新时代的盛世华章。

作为2022年北京冬季奥运会的重点配套交通基础设施，京张高铁的开通将推动张家口地区的旅游经济，助力拓展新的产业格局。从“百年记忆”到“高点展望”，随着高铁时代的到来，京张高铁不仅让沿途百姓获得出行“红利”，还让沿线各地的传统文化、特产、美食等资源为中外游客所共享，激发沿线城乡的综合发展潜力，就如同架起了一道“高铁经济走廊”。

我在张家口的街头随机采访，大多数市民谦虚地认为，自己没有高瞻远瞩的高远眼界，更缺乏世事洞明的真知灼见，只能取其身边凡人琐事儿，从细微小处尝试着浅谈一番。

欲知全豹窥其一斑。“百姓视角”最接地气，也是难得的视角，更是最基本的视角。

就说京张高铁开通直接带来的出行、旅游，以及心理预期的变化，或许这些仅占区域经济发展变化的极小部分，却也是最先最能掀起人们内心波澜之所在。

在北京工作的张家口人对京张高铁的关注度更高。市民阎先生乐呵呵地说，京张高铁把张家口与祖国的心脏紧紧连接起来了，这事情非同小可，这意味着首都与家乡距离拉近了。他亲身体会到了周末回家的愉悦感和节日回乡的便利。昔日对两地双城团聚生活的向往，如今都变成了美好的现实。

我在石家庄的朋友老杨也倍感欢欣。他说回张家口老家不用路上耗费六七个钟头了。他盘算了一下，即使现在省城还没有直达张家口的高铁，从石家庄坐高铁到北京西站，转乘地铁到西直门，然后由北京北站坐高铁抵达张家口，满打满算 3 个小时够了。

穿梭于京张之间的高铁，完全颠覆了人们时间和距离的观念，彻底改变了人们的生活空间、生活轨迹，带给了人们真切的高速体验和旅行快乐。所谓的“高铁同城效应”“双城生活”“候鸟群体”逐渐形成百姓一种生活常态，成为演绎精彩人生的一道风景线。

路阻则衰，路通则盛。

张家口人民朝思暮想，对京张高铁充满了期待和憧憬，愿为京张高铁建设做出自己的贡献，并以此感到骄傲与荣耀。

我去京张高铁清华园隧道采访时，就遇上了来自张家口的青年员工祖昕。他工作后参建的第一项工程就是修建京张高铁。他说一想到这条北京与家乡连接的高铁自己能够献出一份力量，心中就别提多兴奋多自豪了。他第一时间向家乡的父母和同学作了通报，大家都为他庆幸和骄傲。同学在微信中为他点赞：厉害了，我的哥们！

可当他真正投入工程建设，才体会到其中的艰辛和不易。隆冬时节，每天朝阳还没出来，他就进入隧道了；收工时夕阳已经落山了，一整天见不到阳光。尤其是他刚出校门，一时间难以适应。领导要求在施工现场必须穿劳保鞋，这种鞋的鞋底鞋面都装有钢板，有防扎、防砸、绝缘等功能，可穿上感觉太沉重了。他每个班都要走上万步之多，脚底磨起了水泡，疼痛难忍。祖昕偷着给父母打电话，说不想再干下去了。父母说："光荣背后肯定是艰苦，哪能刚吃点儿苦就打退堂鼓呢！现在邻居们都问你修建的高铁啥时候到咱家，你叫我们怎么答话啊！"

你猜最后咋样了？在中央电视台《相聚中国节·奋进！2019》节目现场，祖昕作为京张高铁建设者的优秀代表，向全国观众深情讲述"誓将京张高铁修到我的家乡"的幸福梦想。

电视屏幕前，家乡的观众都挑起大拇指，称赞他说："张家口小伙子真棒！"

他说是家乡人的期盼和鼓励，给了他战胜艰难困苦的精神力量。

在京张高铁建设工地上，这样的人和事比比皆是，数不胜数。

郭泽是石家庄铁道大学的学生，是一个土生土长的张家口人。他听说建设京张高铁的消息后，按捺不住内心的激动和喜悦。2017 年暑假，他作为大学应用型工程教育试点班的学生，主动请缨来到京张高铁建设工地上。他虽苦犹甜，虽苦犹乐，虽苦犹荣。他在网上发文说："作为一个新时代的知识青年，能够有幸参与国家重点工程，我感到十分骄傲；作为一个张家口人，能为家乡修高铁，我感到无比自豪！"

他写道："2017 年 7 月，我来到京张高铁怀来段的施工现场，担任实习测量员。如果不是亲身经历，很难想象施工现场的艰辛。但是能够为自己的家乡做出贡献，我的内心充满了力量。清晨，太阳还未升起，测量班已经开始工作了。我们到仪器室领取仪器设备并检查完毕后，驱车来到施工现场。这时，太阳渐渐升起，我们的任务是线路水准测量，

需要登上 30 米高的转体梁进行观测。对于一个从未体验过高空作业的人来说，这的确是一个心理挑战。而此时此刻，其他测量员工的眼中只有坚毅，他们笃定的眼神告诉我：作为京张高铁的建设者，我们不能有一丝退缩……我也鼓起勇气，向着高处走去。我站在转体梁的桥面上时，看到了怀来工地明媚的清晨。是啊，登高才能领略大好河山的壮阔……这时我耳边仿佛萦绕起《铁道兵志在四方》的歌声，我们的前辈到祖国最需要的地方，为新中国铁路建设奉献了美丽青春和宝贵人生，从他们身上，我真正感受到什么是铁道兵精神。虽然他们现

京张高铁穿越燕山山脉，直达塞外草原。
摄影 / 原瑞伦

在不是铁道兵战士了，但是魂魄永在，他们用实际行动诠释了什么是铁军魂、铁路魂。

“我只是京张高铁建设中平凡的一员。要知道有很多建设者日夜奋战在施工一线。他们穿过泥泞的道路，翻过险峻的高山，默默无闻地劳作与创造，一定要把这条圆梦之路建设好。他们才是张垣大地上最美的风景！我期盼着2022年的冬奥会激情在张垣大地上绽放；渴望来自五湖四海的奥运健儿在崇礼的雪场上飞翔；我梦想着塞外山城能够成为世界瞩目的冰雪之巅……”

崇礼，这座小城因成为2022年北京冬奥会雪上项目的主要比赛场地

而举世瞩目。2017 年 1 月 23 日，习近平总书记在冬奥会张家口赛区临时展馆考察时提出，河北省、张家口市要“努力交出冬奥会筹办和本地发展两份优异答卷”。这两份答卷要求紧密结合实施“十三五”规划，紧密结合推进京津冀协同发展，通过筹办 2022 年冬奥会带动各方面建设。

崇礼车站的建设如火如荼地进行中。

摄影 / 原瑞伦

而《“十三五”时期京津冀国民经济和社会发展规划》是全国首个跨省市的区域“十三五”规划，把京津冀作为一个区域整体统筹规划，在城市群发展、产业转型升级、交通设施建设、社会民生改善等方面一体化布局。

与此同时，《河北雄安新区总体规划 (2018—2035 年)》也提出，按照高质量发展的要求，推动雄安新区与以 2022 年北京冬奥会和冬残奥会为契机推进张北地区建设形成河北两翼，促进京津冀协同发展。

京张高铁开通了，迎着漫天飞舞的雪花儿，我看见为北京 2022 年冬奥会和冬残奥会特别设计涂装的智能京张高铁“瑞雪迎春”飞驰而来。

京张高铁看过来

从张家口大境门一侧的高山长城上，隐约飘来一曲由《天路》改编的歌声："清晨我站在高高的山岗，盼望高铁修到我家乡……"

千呼万唤的京张高铁啊！魂牵梦绕的京张高铁啊！翘首以盼的京张高铁啊！

多少高校毕业生或在外务工人员，梦想着通过高铁这一便捷的交通工具，快速流向心仪的城乡，为促进人力资源最佳配置获得更多可能，实现各自的理想追求和人生价值。

导游小李就是其中一员。这是个身材高挑儿、容貌俊俏的姑娘。她说她学的就是旅游专业，三年前就听到了修建京张高铁的消息，毕业后就毫不犹豫地留在当地就业，希望随着高铁开通，张家口旅游业有一个飞跃式的发展。

她对我说，高铁提高了城市与城市之间人与人、货与货的流通效率，进而带动城市的经济发展和城市建设。首先，高铁的建设会直接拉动就业，拉动原物料生产的增加，进而拉动 GDP 发展；其次，高铁的开通使互动时间缩短。俗话说，一寸光阴一寸金，时间就是金钱，花在路上的时间少了，用来赚钱的时间就多了，人与城市也就被激活了。

她稍作停顿，又说，对于张家口而言，京张高铁增加了产业发展的有利条件，增加了城市招商引资的优势，这有个名词儿叫“商机”。张家口早有先例。那是在老京张铁路未建之前，两位天津商人独具慧眼，最先从这片荒芜之地上看到巨大商机，他们就是天津“怡和洋行”的创办人梁炎秋和陈祝龄。1904年，当梁、陈二人获悉要修筑京张铁路后，便以超常的敏锐预见到张家口河东地区的未来发展。二人很快在张家口创办了“怡安有限股份公司”，购买河东土地540亩，每亩价格只用了1~3两白银，相当于“空手套白狼”。当时张家口车站一带人烟稀少，只有几座小庙。到1909年京张铁路通车时，怡安公司已建成各类房屋6 000余间，并且全部租卖一空，还有60余亩土地未及施工，全部被铁路部门租去，每亩每年租金50块银圆。大清河畔狭窄的怡安街，至今犹存，这正是当年由怡安公司开发建设而命名的，它现在仍是张家口热闹的街区之一。

如今京张高铁开通，肯定是商机无限。相信张家口能抓住城市发展的重要契机，发挥边境贸易物资交流的优良传统。如今的“一带一路”正在推动全球再平衡，鼓励向西开放，带动西部开发，以及中亚、蒙古等内陆国家和地区的开发。我们张家口最好能尽快融入“一带一路”美好愿景中去。

小李说着说着，禁不住独自笑了，她有点儿不好意思说：“扯远了，扯远了，遑论高铁意义，不过鹦鹉学舌略知个皮毛，我还是回到自己的本行吧。”

当您眺望起伏于千山万岭的长城，漫步在大境门的垛口之间，是否有无边遐想冲破历史的云层？是否有燕赵慷慨悲歌激荡在胸？1937年6月21日，吉鸿昌将军率抗日同盟军从雄关下宣誓出征，北击日寇，您可曾联想到那壮怀激烈的出征场景？当收复多伦的捷报传来时，这座山城是怎样的喜悦和沸腾！1945 年 8 月 23 日，晋察冀八路军部队与苏蒙联军攻下日寇占据的张家口，张家口成为晋察冀边区的首府。1946 年 9 月 10 日，蒋介石下令进攻张家口，傅作义率部奇袭夺取了张家口重镇。1948 年 12 月 24 日，英勇的人民解放军彻底消灭了盘踞在大境门外西甸子的国民党残部，将一面猎猎红旗插在西太平山顶的朝阳亭上，山城终于重新回到了人民手中！张家口是唯一获得过“二次解放”的城市。

当您漫步于张垣大地，座座古堡就是厚重的历史，蕴藏的故事让我们回味无穷；条条老街就是活着的文明，见证了这座城市的变迁和灵动；件件文物都是历史的密码，解读着沧海桑田的内涵外延。

说到胜地旅游，虽然早有“看景不如听景”的说法儿，但是更不缺少“百闻不如一见”的体验。耳听为虚，眼见为实。每到一地，先睹为快，更多的人都喜欢边走边看。

张家口真是个有看头的城市。

鼓楼西街社区位于张家口堡景区的核心位置，也是保存修缮最好的古建筑，辖区内的文昌阁、抡才书院、定将军府、察哈尔财政厅等明清建筑气势恢宏，各具特色，堪称整个张家口堡的代表性建筑，极具历史文化价值。

要想在“堡子里”登高览胜，就要登上比文昌阁还要高的玉皇阁。这座建于明万历九年的玉皇阁就建在堡子里的北城墙上，目前还在修葺中。站在玉皇阁的大门处朝南一看，眼下的北街、居中的文昌阁、突兀的大楼、远处的高层……古代、近代、现代的张家口风貌，皆一览无余。

我一眼就看见了街道上耸立的牌坊，上书“张家口堡”四个金色大字。导游小李对我说，大境门南侧的来远堡被称为上堡，堡子里被称为下堡。上堡和下堡都是全国保存最完整的明清建筑城堡，也叫“张家口的堡”，是张家口的发祥地，也是张家口的“根”。

“堡”字作为军事用途读“保”音，比如碉堡、地堡；改作民用读“铺”音，比如桃园堡、梨园堡；张家口人把“堡”读“补”音，就有了独特的地域韵味。

如今，映入眼帘的是堡子里，传统民居鳞次栉比，石板深巷延伸其间，老街老巷有些破败。从残存的兽头石雕上，仍然依稀可辨旧时的气派。当我走向堡子里的深处时，我发现里面隐藏着不少深宅大院，有的院墙倒塌，毫无遮拦地袒露着苍凉，曾经精美绝伦的砖雕、木雕、影壁、屏风等不敌岁月的侵蚀，令人唏嘘复唏嘘。

当地一位诗人曰：“迅疾的时光遗忘了它，忽略了它，让它的粗野与破败留至今日，凸现惊世之美。当它从风蚀的尘埃中重新闯入人们的视野，每条窄如脉络的小巷，仍然流动着丰沛的生命之血……”

堡子里建于明宣德年间，至今已有近 600 年历史。据张家口有关部门普查，堡子里现存文物古迹 700 余处，其中极具历史价值的重点院落 93 处，是全国大中城市保存最为完整的明清建筑城堡之一，堪称北方民居博物馆，素有“明清建筑博物馆”美誉。

2013 年，堡子里成功获批国家级文物保护单位，许多修复工程也正在实施中。可是，这么有历史价值的堡子里却一直难为外人所知，大多游客因为往返时间紧张，很少光顾这里。

导游小李对我说：“张家口牛吧？真的是曾经很牛！等京张高铁通了，还会更牛！这下儿忒有念想了，就盼着京张高铁开通了，大批游客从北京来，50 分钟就到，游了大境门再游堡子里，时间很富余，都不耽误回北京吃晚饭呢。”

最后小李对我说，她的男朋友就在京张高铁的施工一线，听他说修京张高铁标准要求高着呢，他们的确很不容易。当年修老京张铁路也费老大劲儿呢！

小李又欣喜地说：“作为张家口人，我真为他骄傲，以他为荣，我

中铁四局建设者正在崇礼车站紧张施工。摄影 / 原瑞伦

常和同学们吹牛。和他通话常开玩笑说，请允许我再一次代表家乡人民感谢你！”

与小李挥别时，我回望了一眼艳阳高照的张家口，堡子里外高楼林立，迎着 2022 年冬奥会的东风，雨后春笋般的现代化建筑正拔地而起。张家口不仅旅游文化厚重，地下资源丰富，风能和太阳能也异常充足。草原天路、城乡道路，甚至山坡上随地都能看到风力发电和光伏太阳能板，就连附近的商品超市也顶着满屋顶的太阳能板，绿色、节能、环保的理念深入千家万户。

有人感叹，过去的张家口离北京不远，离飞速发展很远。如今京张高铁真的把北京与张家口拉近了。

冰雪之季，冰雪之地，冰雪之旅。融入北京一小时生活圈儿，岂有不红火兴旺、不繁荣发展之理。

从 2019 年 12 月 28 日 18 时起，京张高铁正式发售车票。6 趟开往张家口的车次第一时间放票，开售时间不足 1 分钟，就被抢购一空。

2019 年 12 月 30 日，京张高铁顺利开通，大张（大同至张家口）、张呼（张家口至呼和浩特）两条高铁同时开通。从北京到张家口的最快运行时间由 3 小时 7 分压缩至 47 分钟；呼和浩特至北京由 9 小时 15 分压缩至最快 2 小时 9 分钟，大同至北京最快 1 小时 42 分钟就可抵达。

此时此刻，张家口名副其实成为京津冀蒙区域的铁路交通新枢纽。随着三条高铁的同步开通，意味着连接西北部的一大通道建立起来。京津冀都市圈辐射范围逐步扩展，更加利于京津冀和西北部地区的人才、技术、文旅资源的对接和交流，进而促进彼此的繁荣和发展。

京张高铁看好你啊！京张高铁盼你来啊！

我百年圆梦的京张高铁啊，欣逢开通运营吉日良辰，怎不叫人感慨万千，思如泉涌。谨在拙作收笔之时，请接受我由衷地礼赞：

在风笛鸣响之前，回眸一望
试问，是谁仍在历史的路肩上徜徉
我看见京张高铁蓄势而发
由新时代的高站台振翅飞翔
此时，山河如此多娇
修长的隧道，挽着高大桥梁
此刻，大地无比坦荡
辐射的钢轨，铺展开万里阳光

巍然屹立的八达岭巍然屹立
千古流芳的古长城千古流芳
共和国的筑路人，以勇气和智慧
让尘封悠久的大山敞开了心扉
新时代的建设者，以信仰和力量
将亿万年的岩层瞬息间点亮
大山深层，崭新的车站灯火辉煌
大山顶上，古老的长城雄风飞扬

多少次，我曾怀着百年浩叹和向往
走过詹天佑的“人”字形线路
站在北京的青龙桥头翘首瞭望
不知要穿越多少里路云和月
不知要拂去多少年功名尘与土
才能望见张家口威严峙立的大境门
望见“大好河山”书写的雄浑和苍凉

我的京张高铁，老路新传
我的京张高铁，智能京张
北京北、清河、昌平、八达岭长城
一路追梦，让时空缩小，让心胸宽广
东花园北、怀来、宣化北、张家口
一路筑梦，让世界共融，让国家富强
百年京张，到处解读古老文化的最新意象
京张百年，时刻续写中华民族的盛世华章
看啊，脚踩滑雪板的北京冬奥会踏歌而来
我们的京张高铁啊，圆梦时刻
承载着一个多世纪的光荣与梦想

没有讲完的故事

京张铁路百年追梦，京张高铁今朝圆梦。建设者筑梦成真，每一个梦都是现实的、具象的、立体的、创世纪的。

我有幸到京张高铁热火朝天的建筑工地上采访，与朝夕相处的一线职工促膝谈心，真切体会到铁路工程人的喜怒哀乐、酸甜苦辣。所见所闻，所思所想，激励我用心来记录和讲述他们的京张故事。

在与京张高铁建设者的交往中，我遇见许多名叫“宝成”“成昆”“襄渝”“兰新”的“铁二代”。还有一位即将做父亲的年轻人，他笑着对我说，等他的孩子出生了，就取名叫京张。于是，就自然而然联想到，若将这些铁路子弟的名字汇总起来，不失为一部中国铁道线大全，并由此追溯到这个群体与生俱来的铁路基因。

在京张铁路的历史寻访中，我自然而然地联想到铁路先驱詹天佑先生。他的人生何尝不是一路坎坷呢！詹天佑先生的婚姻是幼时出国前父母定下的娃娃亲，他学成回国后不离不弃，履行了婚约。成婚之后，两人伉俪情深，夫唱妇随，妻儿陪伴詹天佑修铁路跑遍了半个中国。詹天佑夫妻不追求都市安家，不享受荣华富贵，而是住在工地，终日劳碌在修路现场。有一张早年的照片将温馨的家庭场景呈现在一间简陋的工棚里，妻子缝补衣裳，孩子坐在桌边玩耍，丈夫躺在吊床上聚精会神读书。詹天佑夫妻相濡以沫，相伴一生，共养育 8 个子女，分别出生在天南海北 6 个不同地域，一家人浪迹天涯的奔波和劳顿，就是一代铁路先驱无悔人生的真实写照。

伴随着新中国的建立和建设，筑路大军筚路蓝缕，披荆斩棘，风雨兼程，引领旋转的车轮，前赴后继，砥砺前行。

“三块石头支一口锅，哪里艰苦哪里有我。天作屋顶地当床，背上行装走四方。”这就是当年筑路人艰苦创业的豪迈誓言。从前各铁路工程局下属的工程段，因为施工环境异常严酷，职工的工作服磨损得厉害，一个个破衣烂衫；没有洗浴条件，甚至严重缺水，平时都舍不得洗把脸，一个个蓬头垢面。于是当时社会上流传着一段顺口溜：“远看像逃难的，近看像讨饭的，细问是工程段的。”

正是这些风餐露宿、衣衫褴褛的筑路前辈，以精神风骨、血肉之躯为共和国的钢铁命脉奠基，让中华大地铁路纵横、四通八达，筑就了中国人通向幸福生活的康庄大道。

今天的工程人工作、生活条件已今非昔比，居住的集体宿舍，水、电、暖设施一应俱全。更加注重“家文化”建设，物资条件和精神生活都大为改观。但工作性质使然，难以改变的是夫妻分居，四海为家……依旧是个到处奔波的流浪部落。这种生命状态想象起来无比浪漫，承受起来异常痛苦，演讲起来热血沸腾，体味起来泪流满面。

一张被称作“史上最不忍拒绝的”请假条曾令众多网友泪奔。它的

主人是一位中铁工程公司的青年女工，夫妻都在工程部门，长期分居。她请假的理由是："快忘了老公长啥样了，我想去看看。"行程是济南至西安至拉萨，10 天假期，往返数千公里。

国内一家电视台播出一档婚恋交友节目，当一位男士自我介绍来自中铁工程部门时，台上 24 盏灯瞬间全灭。此情此景，不免令人扼腕叹息。

京张高铁建设者。

摄影 / 原瑞伦

这样的事例也毫不例外地发生在京张高铁工地。"我们分手吧，我有了更好的选择，他可以给我想要的。"王丹正在整理工程资料时，口袋里手机震了一下，他打开微信看到了女友发的信息。王丹先是一怔，随手回了一句："开什么玩笑啊，段子看多了吧！"再拨电话过去，对方一直通话中。一直坚持拨电话，对方最终回话："告诉过你了，我有了更好的选择……"

王丹是京张高铁四电工程指挥部综合部的部员，原来在集团运管公司工作。指挥部成立之初，他心想："人这一辈子，能参与一项国家工程的机会并不多，应该珍惜。"他带着这样的想法毅然来到了工地，告别了相处一年多、已经谈婚论嫁的女友。

回忆自己的历练过程，他从一开始的无从下手，到如今的掌握上手，得到了从未有过的锻炼和提高，心里感到充实了许多。王

京张高铁建设者。

摄影 / 原瑞伦

丹突然顿悟："她有了更好的选择，我何尝不是呢？也有了更好选择。"

我一时间思绪如麻，似乎又想起那个常说常新的话题：人若禁受不住现实的磨砺，永远扛不起漫长的一生。就像一枚鸡蛋的外壳，由外打碎就成了食品，由内打碎就成为生命；人生也有一层无形的外壳，由外打碎就屈从于压力，由内打碎就意味着成长。

王丹振作起来，抽刀断麻。他拿起手机，打开对话框，输入"祝你幸福"，发送成功，心中竟有了一种如释重负的感觉。

嗟乎，燕雀安知鸿鹄之志！

记得有位叫龚远标的青年员工曾愤然赋诗一首："对瞬间熄灭的 24 盏灯说，我不介意。长江洄游的胭脂鱼，不会有遨游海洋的胸怀；栏中啄食的小鸡，难懂飞翔蓝天的欢畅……"

诗言志，写得好！这就是一名铁路工程人的回答。我为铁路建筑大军中有这样的青年而感动和欣慰。

采访期间，我先后走过了京张高铁建设的 10 多个工程标段，时刻被建设者敬业忘我的奉献精神所感动、所激励。我深切感受到这个群体的精神灵魂，他们甚至用不着文学的刻意渲染和描绘，就那么坦诚地站立在你的面前了，两眼袒露着炽热的情感，双手捧出赤诚的心。

南口隧道是京张高铁控制性工程，地处北京市昌平区南口村，是京张高铁出京方向第一条单洞双线隧道，全长 3 032 米，最大埋深 340 米，设计时速 250 公里。隧道位于老京张铁路东侧，紧邻居庸关长城景区。由于山体地质复杂，线路穿越三个富水带，涌水量很大，每日出水量约 1 万立方米。由于隧道出口方向为下坡，现场需要进行反坡排水，项目部每天都要动用 3 台大功率抽水机 24 小时不间断作业。加上隧道洞口段围岩强风化，稳定性差，黏聚力弱，极大增加了施工生产的风险与难度。石鹏远作为隧道工程项目部经理，他必须坚守在监控台指挥隧道各作业面施工，每时每刻都能感受到肩负的使命与责任。

石鹏远的家就在京郊房山，距离南口隧道不足 90 公里，开车回去最多一个小时。可他好长时间没能回家了，他觉得一刻也离不开工地。他在重阳节那天问候家中老人时，得知父亲经医院检查确诊罹患重病的消息。电话里父亲反而安慰他别担心，先安心干好工程。当晚，他仰头遥望着南口群山上空高悬的一弯明月，泪水不由地挂满了脸颊。紧接着妻子的预产期到了，恰逢隧道推进的关键时刻，石鹏远指挥现场爆破，一刻也不敢懈怠。为确保安全施工，他们采用了控制爆破开挖进尺、缩小钢架间距等多项措施。他犹豫再三，再三犹豫，还是觉得不能离开工地。直到妻子从医院打来电话，他从电话里听到了一声婴儿响亮的啼哭。他又流泪了，内心有欣喜也有愧疚。

中铁六局京张二标项目部领导到他家中看望病人、慰问家属，石鹏远的父亲说："干工程的人都是这样，我能体会到儿子心中的牵挂，也体谅他工作的不易。"石鹏远的妻子则说："鹏远他建京张高铁是为北京冬奥会做贡献，作为土生土长的北京人，我理解他、支持他。到时候我会带着儿子坐高铁去看冬奥会，还要告诉儿子说，京张高铁也有我们的一份贡献呢！"

石鹏远是幸运的，石鹏远们是幸运的，有这样通情达理的好父母，有这样体贴入微的好妻子，少了后顾之忧。

类似的事例还有许多。我在京张高铁采访期间，曾在一次朋友聚会上，见过有位老弟酒喝多了真情流露。他在铁路建设项目部任职，声泪俱下地向大伙儿倾诉说："有哥们说我每年怀揣20多万块钱回家，进家门都不该用手开门，就应该牛气哄哄地用脚踹，还总是讥讽我怕老婆、'妻管严'，我能不怕吗？我常年在外，老母亲有病，在家卧床12年了，都是我媳妇喂水喂饭，接屎接尿，擦洗翻身，到现在都没有长过褥疮。医院大夫都夸伺候得好，是个奇迹。你说这是光靠钱能办好的事吗？我那是怕吗？我那是爱呀！这样的女神媳妇不该敬着吗？不该感激吗？她上着班儿，为我养儿育女，为我孝敬老人，我想想都无以报答她，我是打心眼儿里敬重她。"

我在京张高铁电气化怀来项目部参加过一场员工代表的座谈会。大伙儿聚在一起畅所欲言，谈建造京张精品工程，谈京张智能科技创新，谈投身工程建设的心得体会……没留意是谁，言语中蓦然触碰到人心最柔软的地方，先是女青年张晓霞哭了。她两年前差点儿把孩子生在工地上，是工友们快速将她护送到附近医院。虽然身边女同事们姐妹般情深，都团团围着她热心照料，但她总是难以释怀，每每想起还是觉得有些委屈和激动。

然后就是物资部女员工刘美君未语泪先流。刘美君说与丈夫王彬相识在铁路，相爱在铁路，结婚后有了女儿蓉蓉，随后把女儿送到保定奶奶家，他们依旧跟着项目部天南地北跑。

父亲节前夕，女儿的幼儿园留了作业，题目叫“爸爸的手掌”，让孩子把爸爸的手掌用笔描到纸上，在父亲节时交上去。这本是件很简单的事儿，但对王彬来说，他作为综合办主任一时回不去，竟然成了一件难事儿。电话那头传来女儿奶声奶气的哭诉声：“爸爸，你快回来！老师要爸爸的手印，别的小朋友都有，我没有！呜呜呜……”王彬最受不了听女儿哭，赶紧哄：“宝贝儿，爸爸想办法给你捎回去，宝贝儿别哭别哭……”

王彬放下电话，却犯了难。突然灵机一动，他立刻拨通了大哥的手机说：“哥，帮我个忙呗，蓉蓉幼儿园要画个手印，我回不去。”“真回不去，忙！”“行，咱哥俩儿一个样儿，你的手就行，别让咱妈和蓉蓉知道，就说我托人捎回去的。”

等到女儿的电话再次打了过来：“爸爸，你的手好大呀！嘻嘻，爸爸的手好好——大啊！”

刘美君心情复杂，担忧孩子的教育。她说这样做好吗？我说你们这么做都是善意的，相信孩子长大了也会理解的。刘美君听了，眼里闪烁着盈盈泪光。

记得冰心先生说过：“爱在左，情在右，在道路的两旁，我们随时撒种随时开花，使一路上穿枝拂叶的人，即使走过荆棘，有泪可落，却不是悲凉。”我想转赠给刘美君们，希望他们也能“有泪可落，却不是悲凉”。

我敬佩在京张高铁建设中运筹帷幄的领导者，我赞扬在智能京张建设中勇于创新的科技人员，我赞颂在精品京张建设中技艺高超的能工巧匠，我更赞美在京张高铁建设中平凡岗位上的普通劳动者。他们手足重茧、淳朴敦厚、吃苦耐劳、勤奋努力，是这支筑路大军的基础队伍，是这个英雄群体雕像中面孔模糊的深沉背景。

千锤百炼筑路人，逢山打洞，遇水架桥。人是怎样炼成的，高铁就是怎样筑成的。可歌可泣工程人，天地之间，他们站立成桩，躬身是桥，匍匐为路。每一处工地都是梦想家园，每一项工程都是生命化身，每一座建筑都是精神塑像。

毋庸置疑，整个京张高铁建设工程是一座文学创作的富矿。遗憾的是，由于时间仓促和笔力所限，加上采访挖掘不够深入，拙作难免挂一漏万。面对京张铁路悠久的历史与壮阔的现实，我深感在文字呈现时的无能为力，请谅解我不能如愿描述京张高铁建设那种史诗般的气势开阔、雄浑奔放。

如果有人在乘坐京张高铁时，突然想了解这条百年圆梦之路背后的故事，那么，就请翻阅一下这本书。

尽管有创作时的无奈和不甘，更有创作中的感悟和感恩。本书的采访和写作得到了国铁集团领导的悉心关照，得到了国铁集团宣传部的立项扶植，也得到了中国铁路文联、北京局集团公司、京张铁路公司的协助支持，更得到了各参建单位的热情接待。在此，由衷地道一声感谢并送上真诚的祝福！

2020 年 1 月 15 日